全国职业培训推荐教材
人力资源和社会保障部教材办公室评审通过
适合于职业技能短期培训使用

天车工基本技能

中国劳动社会保障出版社

图书在版编目(CIP)数据

天车工基本技能/葛正大编写. —北京：中国劳动社会保障出版社，2009

职业技能短期培训教材

ISBN 978 - 7 - 5045 - 8090 - 0

Ⅰ.天… Ⅱ.葛… Ⅲ.桥式起重机-技术培训-教材 Ⅳ.TH215

中国版本图书馆 CIP 数据核字(2009)第 209382 号

中国劳动社会保障出版社出版发行

(北京市惠新东街 1 号 邮政编码：100029)

出 版 人：张梦欣

*

三河市华骏印务包装有限公司印刷装订 新华书店经销

850 毫米×1168 毫米 32 开本 7.25 印张 178 千字

2009 年 12 月第 1 版 2023 年 3 月第 6 次印刷

定价：13.00 元

营销中心电话：400－606－6496

出版社网址：http: // www.class.com.cn

前言

职业技能培训是提高劳动者知识与技能水平、增强劳动者就业能力的有效措施。职业技能短期培训，能够在短期内使受培训者掌握一门技能，达到上岗要求，顺利实现就业。

为了适应开展职业技能短期培训的需要，促进短期培训向规范化发展，提高培训质量，中国劳动社会保障出版社组织编写了职业技能短期培训系列教材，涉及二产和三产百余种职业（工种）。在组织编写教材的过程中，以相应职业（工种）的国家职业标准和岗位要求为依据，并力求使教材具有以下特点：

短。教材适合 15～30 天的短期培训，在较短的时间内，让受培训者掌握一种技能，从而实现就业。

薄。教材厚度薄，字数一般在 10 万字左右。教材中只讲述必要的知识和技能，不详细介绍有关的理论，避免多而全，强调有用和实用，从而将最有效的技能传授给受培训者。

易。内容通俗，图文并茂，容易学习和掌握。教材以技能操作和技能培养为主线，用图文相结合的方式，通过实例，一步步地介绍各项操作技能，便于学习、理解和对照操作。

这套教材适合于各级各类职业学校、职业培训机构在开展职业技能短期培训时使用。欢迎职业学校、培训机构和读者对教材中存在的不足之处提出宝贵意见和建议。

人力资源和社会保障部教材办公室

简介

本书以天车入门指导开篇，详细介绍了天车的主要零部件和天车的主要电气设备，对天车机械部分和电气部分的常用调整、维护进行了比较系统的介绍；在天车操作部分，运用丰富的图片，对天车的操作、吊运方法和指挥信号进行了形象直观的讲解；对天车安装、架设及运行调试，天车常见故障及排除方法进行了较详细的介绍；最后介绍了天车的维护保养及安全技术。

本书在编写过程中充分考虑培训对象的实际情况，用通俗的语言和直观的图形，帮助学员更好地掌握操作技能。通过本书的学习，学员能很快地掌握天车的操作方法，从事天车岗位的基本工作。

本书由葛正大编写。

目录

第一单元　入 门 指 导

模块一　天车作业概述

培训目标

1. 掌握各类天车的主要用途。
2. 掌握天车的主要结构及其功能。
3. 了解天车的主要性能和技术参数。

天车又称桥式起重机、行车等，它是当今工矿企业使用最广泛的一种重要起重机械。天车作业是指用天车将重物吊起后沿桥架上的轨道和大车轨道做前后、左右运行，将物品从一个地方吊运到另一个地方的作业过程。

天车司机是天车的使用者和维护者，因此，在对物品进行吊装或吊运操作之前，首先要了解吊装或吊运对象的质量、外形尺寸、结构、材质及精度等情况，以便能对天车的载荷能力、吊物的绑扎方法、吊点位置、吊起后的空中状态等有一定预见性了解。

一、天车操作特点

在操作天车吊运货物的过程中，由于天车司机的观察角度有一定的局限性，以及对具体安装和操作等工艺过程不十分熟悉等原因，天车司机的整个操作过程必须始终由专人指挥。

对于特种作业的操作，更要保证安全可靠，万无一失。在吊运开始前应进行试吊，并对吊具、天车控制器、制动器等进行细致的检查。经试吊检查确认吊挂平稳，制动良好，吊装物品符合起吊要求后，才能进行正式起吊或吊运作业。在整个起吊或吊运过程中，应严密注意各部分有无异常变化，如发现异常情况，应立即停止操作，并及时排除。

操作完毕，应及时拆卸所有吊具，清理现场。

二、天车设备在各种生产活动中的地位

随着加工机械化和自动化的不断发展，生产机械和设备、零件越来越大型化，起重工作也就显得越来越重要。天车已不单纯是一种辅助机械，而成为各种生产流程中一种不可缺少的重要的机械设备。它可以在起升机构极限高度与大、小车轨道所允许的空间范围内的任意位置进行吊装或吊运作业，而且维修方便，起重量大，不占地面作业的面积，能极大地改善工人的劳动条件，降低劳动强度，提高生产效率。因此，天车已经成为工矿企业等单位不可缺少的起重机械设备之一。

模块二　天车的种类及用途

天车主要的金属结构部分是桥架，桥架横架在车间两侧吊梁的轨道上，并沿轨道前后运行。桥架上装有起重小车，小车上配置起升和运行机构，可以带着吊起的物件沿桥架上的轨道左右运行，完成各种吊运工作。对于天车的操作者和维修工人来说，应该了解天车的种类、构造、性能等方面的知识，以便正确掌握它的使用和维修方法，这对提高生产效率和延长天车的使用寿命都有重要的意义。

桥式天车一般按用途可分为通用天车、冶金专用天车和龙门式天车三大类。通用天车主要用于一般车间的物件装卸、吊运、安装；冶金专用天车主要用于冶金生产中某些特殊的工艺操作；龙门式天车用于露天堆放物件的搬运。各类天车由于取物装置的主要功能不同，所以在结构特点及作用方面也有所不同。桥式天车的分类如下：

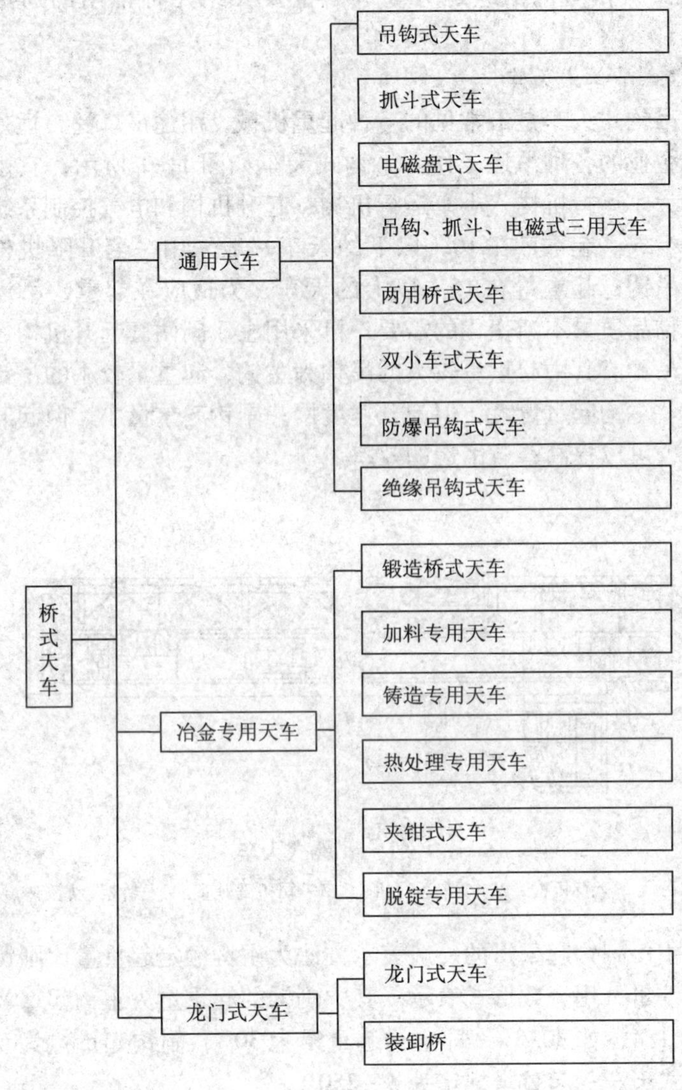

一、通用天车

通用天车又可分为单梁的和双梁的两种。其中单梁的有按钮站操纵和司机操纵之分。下面主要介绍几种常用的通用天车。

1. 吊钩式天车

吊钩式天车是最常见的一种起重机械，用途最广泛，适用于工矿企业的各种吊运工作。吊钩式天车如图 1—1 所示，它由桥架、大车运行机构、小车运行机构、起升机构和电气控制系统几部分组成。起重量在 10 t 以下的天车一般采用一套升降机构和一个吊钩；起重量在 15 t 以上的天车，为适应在起重、吊运工作中物品质量不断变化的需要，可采用主、副两套起升机构，即两个吊钩。其中起重量较大的吊钩为主钩，起重量较小的吊钩为副钩。主钩起重量大，但起升速度慢；副钩起重量小，但起升速度快，可以提高轻载吊运的效率。

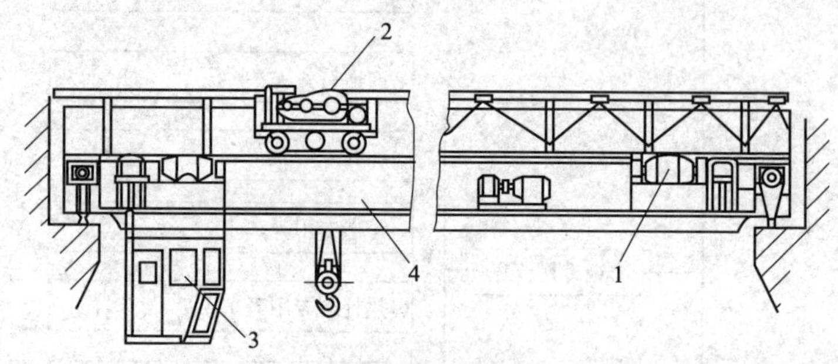

图 1—1　吊钩式天车

1—大车运行机构　2—小车运行机构　3—司机驾驶室　4—桥架金属结构

主、副钩起重量的一般表示方法为主钩额定起重量比副钩额定起重量，用分数形式表示。其中副钩的起重量为主钩起重量的 1/6 ~ 1/4，如 30/5 t，即主钩起重量为 30 t，副钩起重量为 5 t。吊钩式天车的起重量规定为 3 ~ 250 t。

2. 抓斗式天车

抓斗式天车与吊钩式天车相比，就是将吊钩换成了抓斗，它们的区别仅在于取物装置的不同：吊钩式天车的取物装置是吊钩，抓斗式天车的取物装置是抓斗，如图 1—2 所示。因为取物装置的不同，所以它们的作用也不同。吊钩式天车主要用于吊运一些整体物件或能捆绑的物品，而抓斗式天车主要是用来抓取散碎状物料（如煤、沙子和盐等），实际上它是一种专用起重天车。这种天车的起重量通常为 3 ~ 20 t。

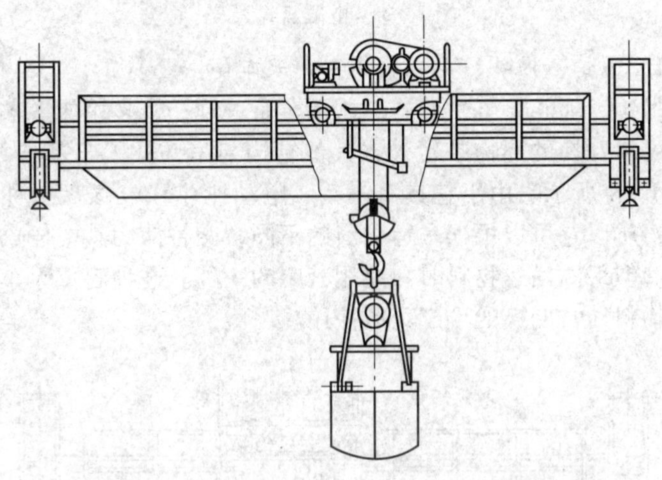

图 1—2　抓斗式天车

3. 电磁盘式天车

电磁盘式天车的取物装置是一个电磁盘，其实就是在吊钩上挂一个直流电磁盘，专门用来吸附铁磁性金属材料，如图 1—3 所示。这种天车所吊运的物件一般不用捆绑，如吸附导磁的钢板、型钢和废铁等，特别对散碎的、难以整理的金属材料吊运起来会显得工作效率更高。但这种天车的起重量一般不会很大，常用的有 5，10，15，20 和 30 t 几种类型。

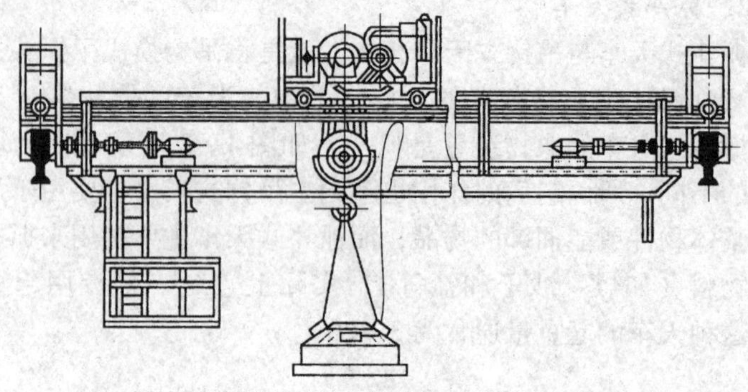

图 1—3　电磁盘式天车

4. 吊钩、抓斗、电磁盘式三用天车

吊钩、抓斗、电磁盘式三用天车是一种一机多用的天车，除装有可以互换的取物装置外，其他结构与吊钩式天车基本相同，如图 1—4 所示。由于它具有吊钩、电动抓斗和电磁盘三种取物装置，所以它可以根据吊运物料的不同，交替使用其中任意一种吊具。但每次吊运物料时只能用其中的一种。这种起重天车最适于在物料经常变换的生产场所使用。

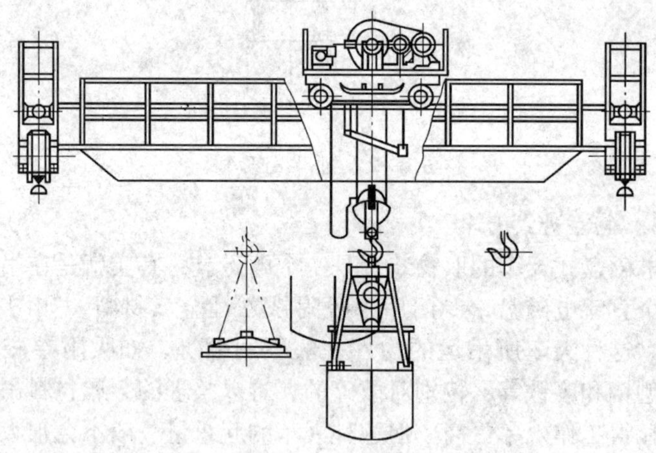

图 1—4　吊钩、抓斗、电磁盘式三用天车

电动抓斗使用交流电，电磁盘使用直流电，使用时，要通过转换开关来改变电源。这种类型天车的起重量主要有 5 t 和 10 t 两种。

5. 两用桥式天车

如图 1—5 所示的两用桥式天车可分为两种类型，一种是吊钩和抓斗桥式天车，另一种是电磁和抓斗桥式天车，两者均在小车上装有两套各自独立的升降机构，其中一套为吊钩用，另一套为抓斗用；或一套为起重电磁盘用，另一套为抓斗用，但两套升降机构不能同时使用。为了提高生产效率，在一台小车上同时装有两套起升装置，可以根据装卸和搬运物料的需要随意变换使用，但每一个工作循环只能使用其中的一种吊具。这种起重天车的起重量有 5/5，10/10 和 15/15 t 三种。

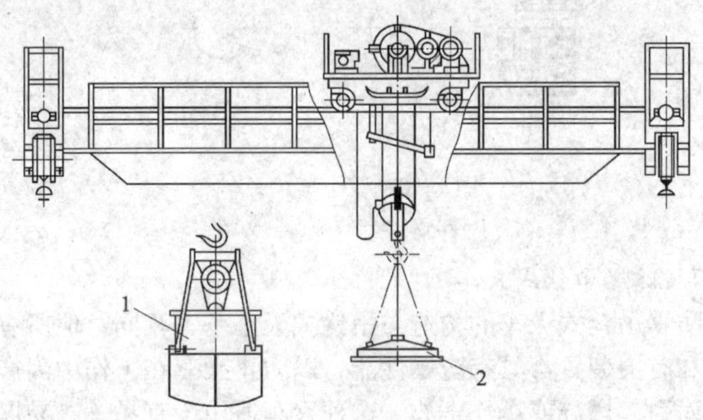

图 1—5　两用桥式天车

1—抓斗　2—电磁盘

6. 双小车式天车

双小车式天车是在桥体上面装设两台起重量相同的小车进行工作的。两台小车可以单独工作，也可以联合工作，如图 1—6 所示。其起重量的表示方法是：2 × 每台小车的额定起重量，如 2 ×10 t 和 2 ×30 t。这种天车的特点是在两台小车上均装有可变速的起升机构，因此，在轻载时可以高速运行，在重载时可以低速运行。在吊运较重的物件时，两台小车可以并车同时吊运。在吊运较长的物件时，可以通过两个吊钩或挂上平衡梁来进行作业，如吊运木材、棒料、钢管和型钢等。这种起重天车的有效工作范围很广，它的起重量有 2×2.5，2×5，2×10 和 2×30 t 等。

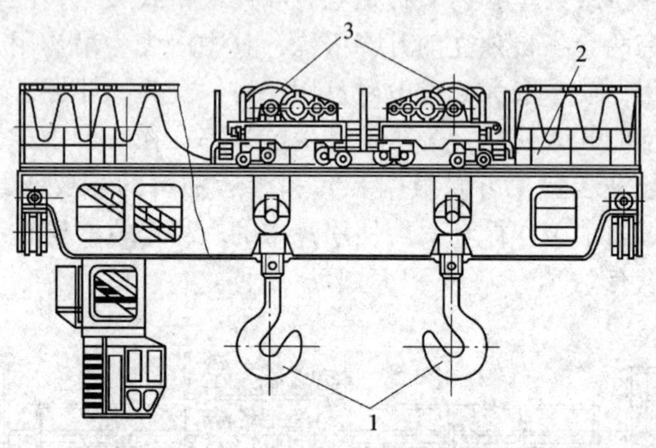

图 1—6 双小车式天车

1—吊钩 2—桥架 3—小车

7. 防爆吊钩式天车

防爆吊钩式天车的构造与吊钩式天车基本相同，但所有电气设备和有关装置都具有防爆性能，以防止天车在工作中因产生电火花而引起燃烧或爆炸事故。这种天车适用于有易燃、易爆气体混合物的车间，库房或其他易燃、易爆场所。

8. 绝缘吊钩式天车

绝缘吊钩式天车的构造与吊钩式天车基本相同，但为了防止在工作过程中带电的设备可能通过被吊运物件导电而危及司机的生命安全，故在吊钩、小车架和小车轮三个部位设置了三道可靠的绝缘装置。这种起重天车主要适用于电解车间和冶炼铝、镁等的企业。它的起重量有 5，10，15/3，20/3 和 30/5 t 等。

二、冶金专用天车

冶金专用天车属于专门的起重天车，主要用来完成冶金工艺过程中的各种特殊操作，是冶金工业生产中重要的起重机械设备。常用的有以下几种：

1. 锻造桥式天车

锻造桥式天车是锻造车间在锻造过程中吊运和翻转锻件的专用天车，这种天车有主、副两台小车，每台小车都在各自的轨道上行走。主、副小车的运行速度基本相同，以便于主、副两台小车同时协调工作。主小车上设有翻料机构，用于在锻造过程中翻转锻件。副小车主要用来夹持套锭器。

2. 铸造专用天车

铸造专用天车用于冶炼、铸造车间吊运铁液、兑铁液及浇铸钢锭和铸件等，如图 1—7 所示。这种天车也有主、副两台小车，

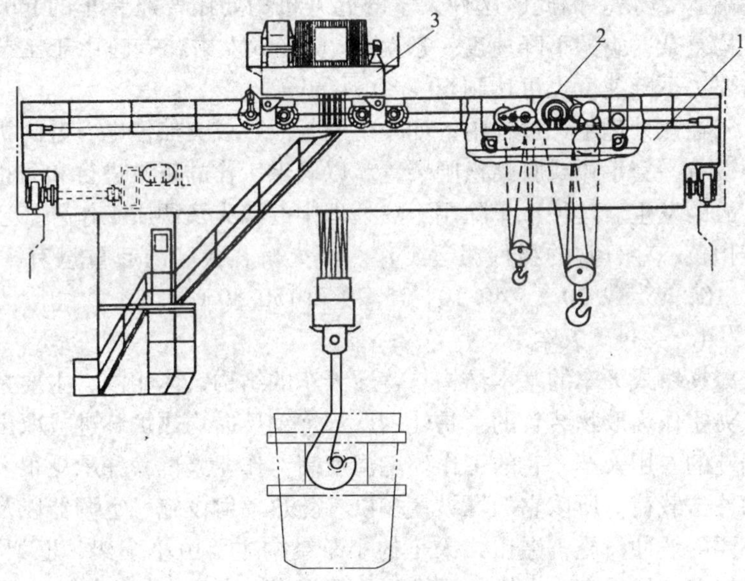

图 1—7　铸造专用天车

1—桥架　2—主小车　3—副小车

主小车的起升机构吊取的对象是耳轴中心距固定的盛钢桶，故吊具是一对用横梁保持固定间距的龙门吊钩，主小车用于提升盛钢桶。副小车起升机构负责翻倾盛钢桶或做一些辅助的搬运工作。铸造专用天车与其他天车的区别在于：主、副小车在同一轨道上运行，桥架由两根横梁、两根主梁和两根副梁组成。主小车在两根主梁的轨道上运行，副小车在两根主梁下面的两根副梁的轨道上运行，主、副小车可以同时使用。有的铸造专用天车的副小车也配置主、副双钩，但副小车的主、副钩不允许一起使用。

3. 热处理专用天车

热处理专用天车为满足工件的热处理要求，起升速度、下降速度都非常快，是热处理车间对工件进行淬火及调质处理的专用天车。它与普通天车大体一致，由于淬火等热处理工艺的工艺操作受时间限制很严格，所以这种天车的升降速度比普通天车的速度高 2~3 倍。因此，这种天车的起升机构要比普通天车的起升机构复杂，它的下降速度一般为 45 m/min 左右，有时由于工艺需要，下降速度也可达到 60~80 m/min。

在热处理生产过程中，如发生电气故障或突然停电，升降机构设有一套手拉或脚踏松闸装置，以确保工作的正常进行和防止事故的发生。这种天车除用于热处理中的淬火及调质工作外，还能担负一些日常的物件搬运工作。淬火桥式天车的起重量有 3，5，10，15/3，20/5，40/10，75/20 和 150/30 t 等。

4. 夹钳式天车

夹钳式天车的基本结构与普通天车的结构大体相同，主要是以夹钳作为取物装置的，是轧钢厂、炼钢厂向均热炉装进或取出钢锭的专用天车。它的工作环境温度高，作业繁忙，并承受很大的冲击载荷。所以它的操纵室多设有防热辐射设施、空调器以及必要的缓冲设施，夹钳式天车的小车结构主要由小车架、框架、电气房、操纵室、夹钳装置及副钩等组成。在小车架上设有 5 个传动机构，即主起升机构、副起升机构、旋转机构、夹钳开闭机构和运动机构。通过各个机构的相互配合，来完成装入、取出轧件和钢锭的任务。

5. 脱锭专用天车

脱锭专用天车的特点是起升行程较大，多用于炼钢厂的脱锭车间，其主要工作任务是将已凝固的各种不同形状及尺寸的钢锭从钢锭模中脱出。脱锭专用天车有两根主架和一台小车，驾驶室在小车上随小车移动，取物装置主要由一对大钳、一对小钳和一根顶杆等组成。夹钳装置起升到最高位置时完全在圆筒内，最低位置时能落在脱锭台车上，起升高度行程通常为5 ~6 m。

脱锭专用天车是依靠夹钳从钢锭模中顶出上小下大的钢锭；利用钳口从钢锭模中拔出上大下小的钢锭，分离出与底盘粘连在一起的钢锭，并利用钳口吊运钢锭。

三、龙门式天车和装卸桥

龙门式天车和装卸桥多用于各种露天的仓库、货场、车站、码头、建筑工地等场所。既可以装卸与搬运货物，也可以吊运设备及建筑构件等。

1. 龙门式天车

龙门式天车又称门式天车，它由门架、小车运行机构、大车运行机构和电气控制系统等部分组成。按主梁结构不同可分为双主梁和单主梁两种。双主梁龙门式天车如图1—8所示。这种门式天车的起重小车与普通桥式起重机基本相同，取物装置为吊钩、抓斗和电磁盘。一般用途的门式天车起重量在50 t以下，跨度一般在35 m以下，主梁与两个支腿刚性连接。跨度在35 m以上时，一般制成一个刚性腿和一个柔性腿，以改善卡轨现象。由于龙门式天车的两腿在地面上行走，为了避免伤人，大车运行速度一般不应超过60 m/min。

龙门式天车的门架通常制作成悬臂式的，悬臂部分的长度一般为门式天车跨度的0.3 ~0.4倍。因为龙门式天车在室外露天作业，所以必须装设防风装置，电气设备要装设防雨罩等。

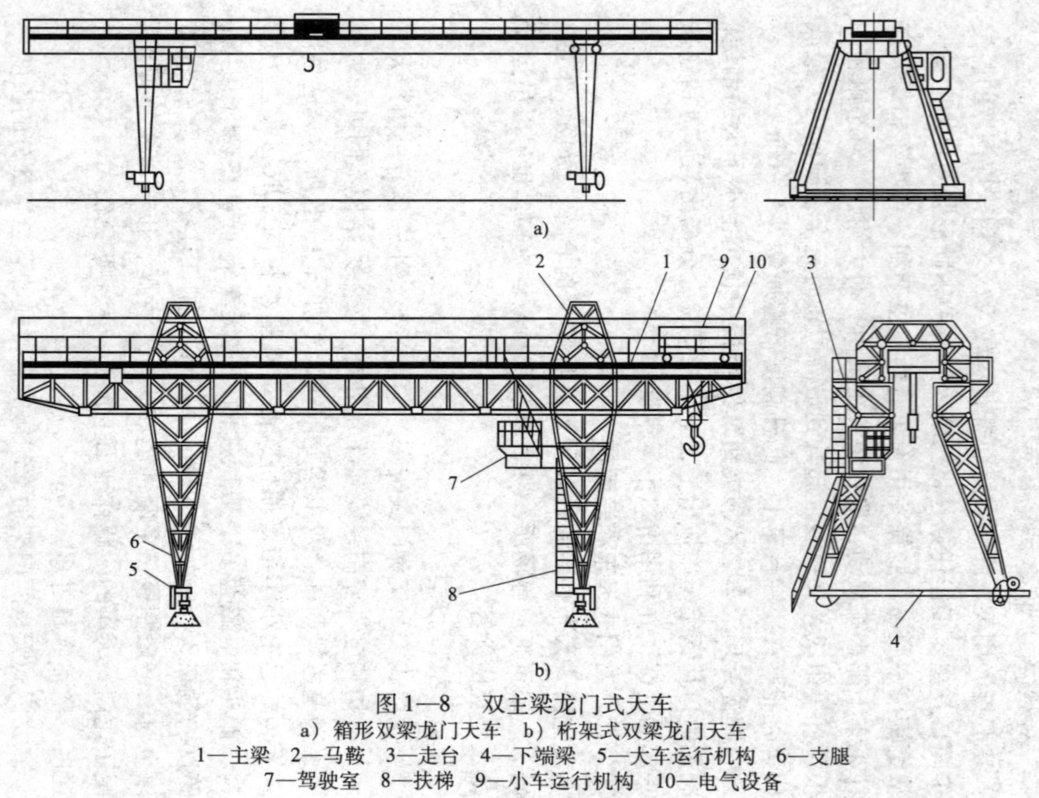

图 1—8　双主梁龙门式天车

a）箱形双梁龙门天车　b）桁架式双梁龙门天车

1—主梁　2—马鞍　3—走台　4—下端梁　5—大车运行机构　6—支腿

7—驾驶室　8—扶梯　9—小车运行机构　10—电气设备

单主梁龙门式天车是近年来发展起来的新型龙门式天车，其自重轻得多，如图1—9所示。门架结构为箱形，有L形和C形支腿两种形式。其特点是司机视野好，吊运货物的横向空间大。

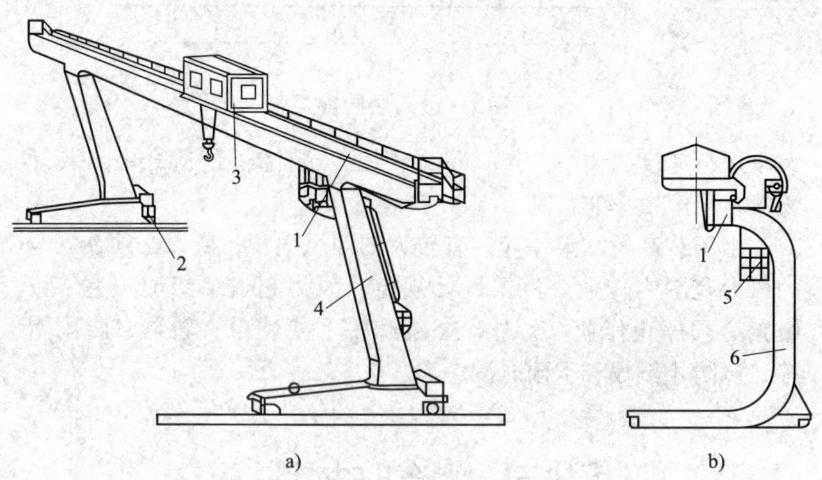

图1—9 单主梁龙门式天车

a）L形支腿龙门式天车 b）C形支腿龙门式天车

1—主梁 2—支腿运行机构 3—起重小车 4—L形支腿

5—驾驶室 6—C形支腿

2. 装卸桥

装卸桥和龙门式天车没有严格的区别，它们的结构形式大体相同，主要由金属结构、起重小车、变幅机构、大车运行机构和装卸吊具等组成，如图1—10所示。装卸桥主要用于冶金企业、港口、车站、仓库、料场、发电站等部门。它可以用吊钩吊运各种成件物品；用抓斗装运散粒物品，如煤、矿石、焦炭、沙子和盐等；用电磁盘吊运导磁的金属材料，如型钢、钢板和废铁等，但它的起重量不大，一般不超过30 t。装卸桥中小车的运行速度要比龙门式天车小车的运行速度快，一般为150～200 m/min，

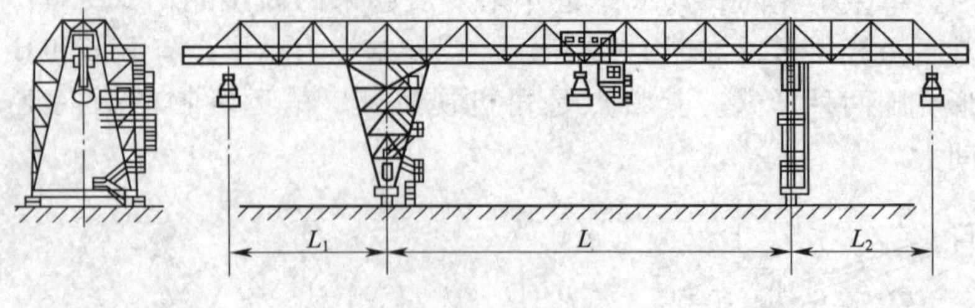

图 1—10　装卸桥

大车运行速度为 20 ~ 30 m/min。因此，装卸桥最适合定点装卸物料，生产效率非常高。

由于装卸桥露天作业，有较大的迎风面积，所以必须在安全的风力范围内作业。根据设计规定，风力超过 7 级时（包括 7 级）必须停止作业。另外，在装卸桥上要装设夹轨器、防雨罩等，以防止倒塌和下雨时漏电。

模块三　天车的主要结构

桥式天车主要由机械部分、电气部分、金属结构部分组成。机械部分由主、副起升机构，大车运行机构和小车运行机构组成；电气部分由电气设备和电气线路组成；金属结构部分主要由桥架和驾驶室组成。桥架与驾驶室为刚性连接，以保证天车整体的运行刚度和稳定性。

一、机械部分

1. 大车运行机构

天车大车运行机构的作用是驱动大车的车轮沿大车轨道运行。它由电动机、制动器、减速器、传动轴、联轴器和车轮等组成。按驱动方式不同，大车运行机构分为分别驱动和集中驱动两种形式。

（1）分别驱动。分别驱动是在天车上装设两套相同的但又互不联系的驱动机构，每套驱动机构都由各自的电动机、制动器、减速器和车轮等零部件组成，如图 1—11 所示为分别驱动的运行机构。

图 1—11　分别驱动的运行机构

分别驱动方式的优点是机构自重轻，分组性好，安装和维护方便。有的天车分别驱动运行机构采用了“三合一”的方式，即电动机、制动器及减速器合成一个整体，具有体积小、质量轻、结构紧凑等优点。分别驱动的运行机构不因主梁的变形而使大车的传动性能受到影响，由于它具有以上优点，从而保证了运行机构多方面的可靠性。

（2）集中驱动。集中驱动是指只用一台电动机，通过减速器及传动轴带动大车两侧主动轮的驱动方式。按传动轴的结构方式不同，集中驱动又分为低速集中驱动、中速集中驱动和高速集中驱动三种方式。

1）低速集中驱动。在使用集中驱动方式的天车中，大多数采用的是低速集中驱动方式，这种驱动方式是在桥架中央装有电动机与减速器，减速器输出轴两侧的低速传动轴带动车轮运动，如图 1—12 所示为低速集中驱动的运行机构。这种传动方式在天车上采用较多，其优点是传动轴转速较低，一般不大于 100 r/min，因此比较安全。缺点是传递的转矩较大，轴、轴承、联轴器和轴承座的尺寸都较大，使整个运动机构的质量也相应增大，一般只用在小起重量和小跨度的天车上。

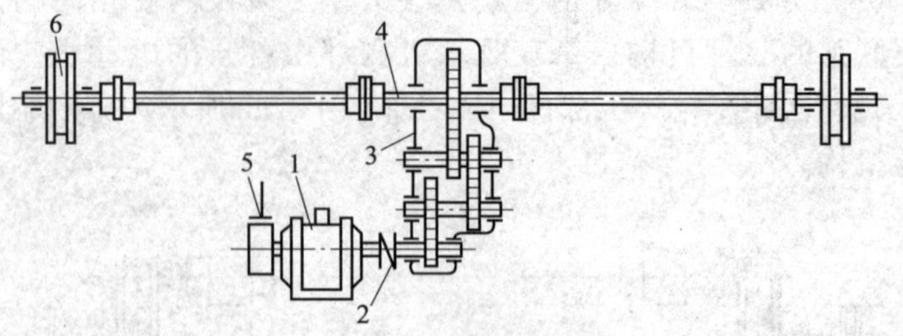

图 1—12　低速集中驱动的运行机构

1—电动机　2—联轴器　3—减速器　4—低速轴　5—制动器　6—车轮

2）中速集中驱动。这种驱动方式是电动机经制动器和减速器带动中速传动轴旋转，传动轴再带动桥架两侧的开式齿轮，开式传动的大齿轮与车轮固定在一起，从而驱动车轮沿轨道运行，如图 1—13 所示为中速集中驱动的运行机构。这种驱动方式与低速集中驱动方式比较，优点是：轴转速较高，一般为 150 ~ 200 r/min，因而传递转矩相对减小了，使轴、轴承、联轴器、轴承座的尺寸也随之减小，传动机件的质量也就相应减小，轮组构造简单，安装及拆卸方便。缺点是：传动轴两端的开式齿轮磨损快，装拆和维护也不方便，使用寿命较短，现在这种结构方式已很少采用。

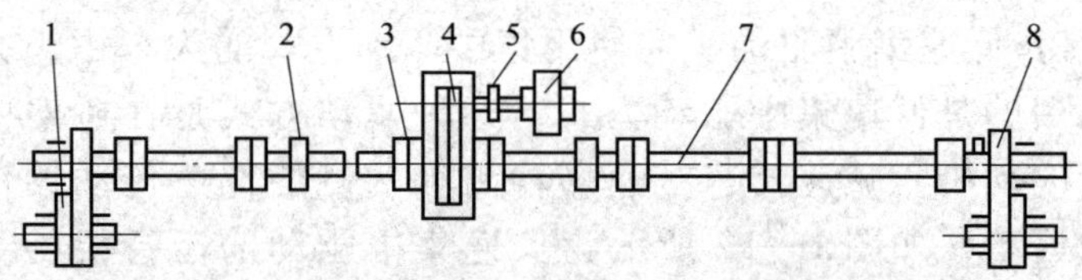

图 1—13　中速集中驱动的运行机构

1—车轮　2—轴承座　3—联轴器　4—减速器　5—制动器
6—电动机　7—中速轴　8—开式齿轮

3）高速集中驱动。这种驱动方式是电动机通过传动轴与减速器相连，车轮通过联轴器与减速器相连，制动器安装在电动机轴上，如图 1—14 所示为高速集中驱动的运行机构。这种驱动方式的特点是运行速度快，一般高达 700 ~ 1 500 r/min。优点是传动机构尺寸小，质量轻。缺点是对传动轴的加工精度要求高，振动大，一般只用在小起重量的天车上。

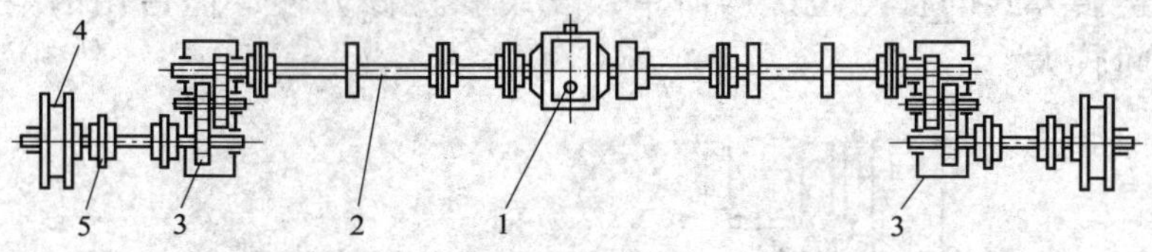

图 1—14　高速集中驱动的运行机构

1—电动机　2—高速轴　3—减速器　4—车轮　5—联轴器

2. 小车运行机构

小车运行机构是由标准零件或部件组成的机构，安装在小车架上。它主要由电动机、制动器、车轮、浮动轴、半齿联轴器、立式减速器和全齿联轴器等组成。小车运行机构的主要作用是驱动小车车轮沿轨道滚动，从而完成吊运重物的横向运动。如图 1—15 所示为减速器在中间的小车运行机构。

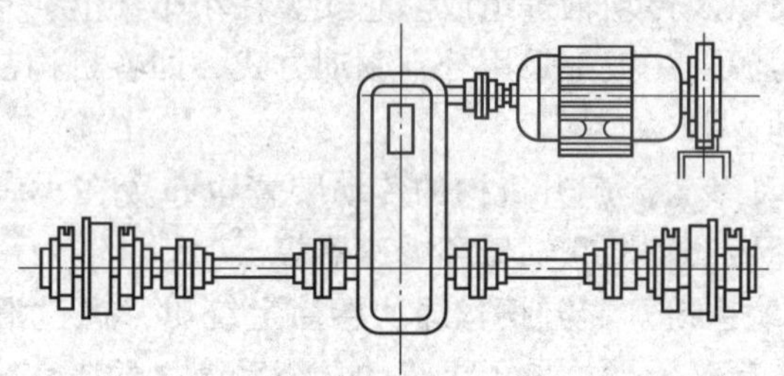

图 1—15　减速器在中间的小车运行机构

小车运行机构中的立式三级圆柱齿轮减速器安装在小车两个主动轮中间，两个从动轮分别安装在两个角形轴承箱的旋转心轴上，减速器的高速轴与电动机之间用全齿联轴器连接，并使制动器靠近电动机的一侧。这种传动方式结构紧凑，传动性能良好，并且维修方便。

通常小车运行机构的减速器都安装在小车一侧，如图1—16所示。减速器的高速轴通过齿轮联轴器与电动机轴相连接。减速器的低速轴通过齿轮联轴器与车轮轴连接。这种连接方式的特点是结构简单，安装和检修方便，但占用的空间较大。

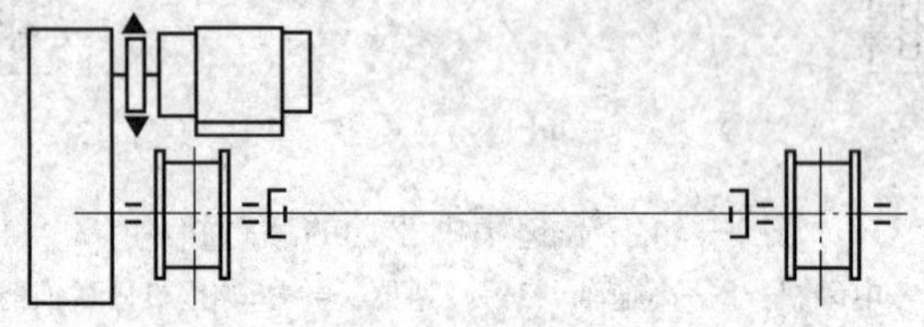

图1—16　减速器在一侧的小车运行机构

3. 起升机构

(1) 起升机构的组成。起升机构主要由驱动装置、传动装置、卷绕系统、取物装置、制动装置和安全装置等组成。它的主要作用是实现升降动作。

1) 驱动装置。起升机构的驱动装置由电动机、制动器、减速器、卷筒以及传动轴等组成。它安装在小车架上，是实现物料升降的动力源。一般都采用分别驱动方式，即各机构都用各自的电动机驱动。

2) 传动装置。起升机构的传动装置也布置在小车架上，传动装置包括传动轴、联轴器和减速器等。

3) 卷绕系统。起升钢丝绳从卷筒上绕出，通过滑轮组把取物装置联系起来，即构成了天车的卷绕系统。卷绕系统直接影响起重吊运作业的安全，由它造成的人身伤害事故占全部起重伤害事故的30%～40%。

4) 取物装置。天车上的取物装置也称吊具，它包括吊钩、抓斗和电磁盘等，其中应用最广泛的是吊钩。

5) 制动装置。制动装置主要是指制动器，是天车上非常重要的部件。制动器通常安装在高速轴上，这样可以减小减速器的尺寸，同时也比较安全。

6）安全装置。天车起升机构中的安全装置主要有超载限位器（防止超负载吊运）和上升极限位置限制器（限制吊钩上升高度）等。

（2）起升机构的传动原理。起升机构是天车最重要和最基本的机构，其组成如图 1—17 所示。起升机构是由电动机通过联轴器与减速器的高速轴相连，当机构工作时，减速器的低速轴带动卷筒，将钢丝绳卷起或放下，经过滑轮组系统使吊钩实现上升和下降功能。起升机构停止工作时，制动器使吊钩连同货物悬停在空中。

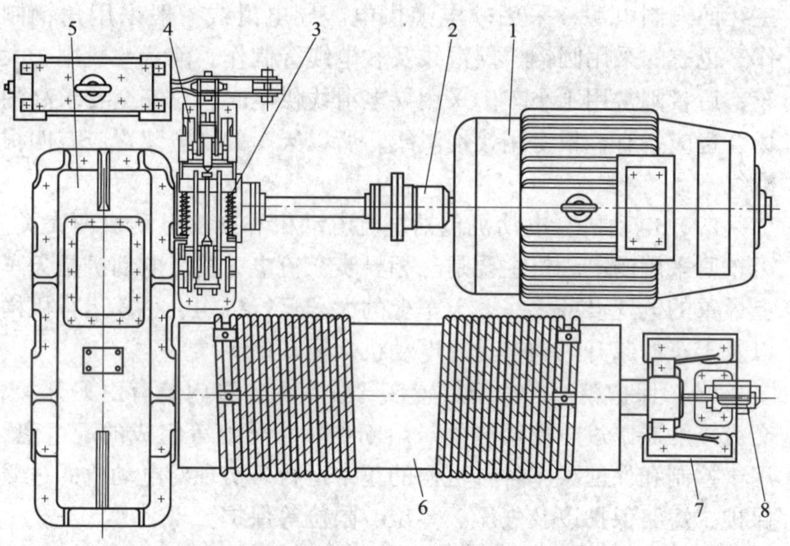

图 1—17　起升机构的组成

1—电动机　2—联轴器　3—制动轮联轴器　4—制动器
5—减速器　6—卷筒　7—轴承　8—过卷扬限制器

当起重量超过 10 t 时，起重天车常设主、副两套起升机构（主钩和副钩）。主起升机构起重量大，起升速度缓慢；副起升机构起重量小，但起升速度快，用以吊运较轻的货物或做辅助性工作，以提高工作效率。

二、电气部分

天车的电气部分由电气设备和电气线路组成。天车的电气设备必须保证传动性能和控制性能准确、可靠，在紧急情况下能切断电源，安全停车。在安装、维修、调整和使用中不得任意改变电路，以免安全装置失效。

1. 天车的电气设备

天车的电气设备主要有供电装置、电动机、保护箱、控制屏、控制器、电阻器、限位开关和安全开关等。

（1）供电装置。天车由专用馈电线供电。对交流380/220 V三相四线制电源，采用软电缆供电。导电滑线一般采用角钢制作，也有的采用圆钢、裸铜线及软电缆等制作。前者一般用于大车，后者则常用于小车。采用导电滑线供电时，对安全要求高的场合也应备有一根专用接地滑线，所以天车的供电装置应有四根滑线。

（2）电动机。电动机包括直流电动机和交流电动机两大类。天车所采用的电动机主要是三相异步交流电动机。电动机是天车上最重的电气设备之一，天车上的大车运行机构、小车运行机构以及天车的起升机构都是靠电动机来驱动的。

（3）保护箱。保护箱放置在驾驶室内，箱内装有由刀开关、交流接触器、过电流继电器、熔断器和信号灯等组成的配电盘，用于控制和保证天车各种机构的正常运行，实现对电动机的过载保护、短路保护以及失压、零位、限位等保护。

1）过载保护。当电动机超载运行，使回路工作电流超过额定工作电流时，能自动切断电源。主要用过电流继电器来实现过载保护。

2）短路保护。电气电路中发生短路故障时，能自动切断故障回路的电源。短路保护常用熔断器及自动开关或过电流继电器来实现。

3）失压保护。当电源电路停电时，电路能自动分开；恢复供电后，若不重新启动，电路不能闭合。失压保护常用总接触器来实现。

4）零位保护。凡是使用控制器的各种天车机构，都必须有零位保护。当控制器不在零位时，按下启动按钮，总接触器不能吸合。

5）限位保护。限位开关用来限制各机构的工作。当某种机构超出限制范围时，能自动切断电源。

(4) 控制屏。控制屏又称磁力控制屏。控制屏上装有零压继电器、过电流继电器和控制电动机转子电路工作的反接接触器、加速接触器、单相接触器、换相继电器等电气元件，与主令控制器配合在一起实现交流电动机的启动、制动、调速和换向。它适用于工作繁重和电动机容量较大的情况。

(5) 控制器。控制各种机构的控制器主要有凸轮控制器和主令控制器。其主要作用是控制各机构电动机的启动、调速、改变方向和制动。

(6) 电阻器。天车用的电阻器是供绕线式电动机启动和调速用的。它主要串接在电动机转子回路中，通过接触器的吸合和断开，逐级增加或减小电阻的阻值，从而限制电动机的启动电流并调节电动机的旋转速度。

(7) 限位开关和安全开关。限位开关与其他安全器配合，用来限制各机构的工作范围。安全开关包括行程开关、舱口门开关、端梁门开关和紧急开关等，起安全保护作用。

2. 天车的电气线路

天车的电气线路由照明信号电路、主电路和控制电路三部分组成。

(1) 照明信号电路。照明信号电路由桥上、桥下、驾驶室和手提工作灯几部分照明电路组成。它的电源取自保护箱内刀开关的进线端。因此，在切断动力设备电源时仍有照明用电，有的还在此电路上装有信号灯，供操作者与地面的工作人员联系或发出危险信号用。

(2) 主电路。主电路是带动电动机工作的电路，它由电动机绕组和电动机外接电路两部分组成。

(3) 控制电路。它控制主电路与电源的接通或断开，电动机正、反转和变速等，同时对各机构的正常工作起到安全保护作用。

三、金属结构部分

天车的金属结构部分包括桥架和驾驶室等。

1. 桥架

天车的桥架是一种可移动的金属结构，它由两根主梁、两根端梁和走台与护栏等零部件组成。它承受起重负荷及小车的质量，通过车轮支撑在轨道上，因此它是天车的主要承载结构。

天车的构造形式主要取决于主梁的结构形式，目前国内外采用的桥架主梁形式繁多，其中比较典型的是四桁架式桥架、空腹桁架式桥架和箱形截面的板梁式桥架等。

(1) 四桁架式桥架。四桁架式桥架的结构如图 1—18 所示。桥架的两根主梁是由四个桁架组合成的封闭型空间结构。其中装有小车轨道的垂直桁架叫做主桁架，它是承担小车质量和外载的，因此必须有足够的强度、刚度和稳定性，以保证在规定载荷作用下，其主梁的弹性下挠值在允许的范围内，运行时不发生变形。此外，为了不使主梁过早地出现下挠，主梁还应具有一定的上拱度，以此来抵消工作中主梁所产生的下挠，以便减轻小车爬坡、下滑现象，并且保障大车运行机构的传动性能。这种桥架结构的优点是自重轻，刚度高；缺点是制造工艺复杂，不便于成批生产。仅适用于小起重量、大跨度的天车。

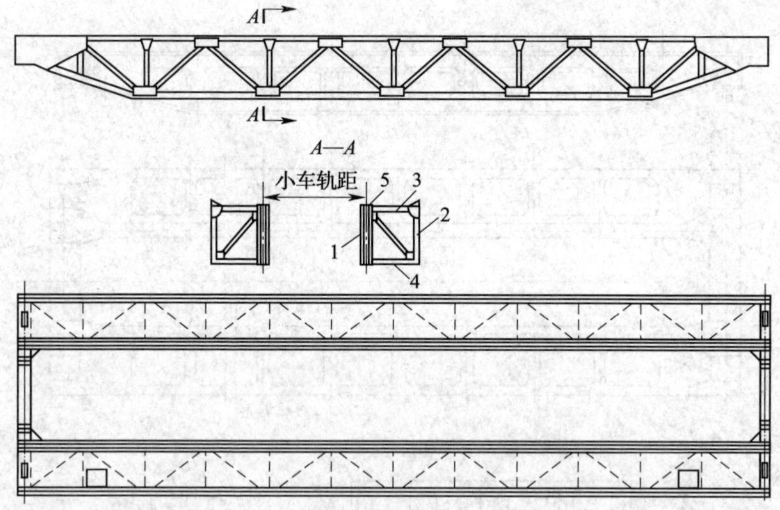

图 1—18　四桁架式桥架的结构

1—主桁架　2—辅助桁架　3—上水平桁架

4—下水平桁架　5—钢轨

（2）空腹桁架式桥架。空腹桁架式桥架的结构如图 1—19 所示。这种桥架结构中采用了一种空腹桁架结构，主梁是由钢板组成的封闭截面，从每一个平面来看都是一个无斜杆的空腹桁架。这种空腹桁架与一般桁架有所不同，它不是用型钢杆件拼接成的，而是在钢板上切割出许多窗口形状。为了提高桁架的强度和刚度，在主、副桁架平面的窗口边上镶有板条或型钢的框架。这种结构的特点是自重轻，制造方便，整体刚度高，装配、检修方便，我国生产的 100 ~ 250 t 通用天车中均采用这种结构形式。

（3）箱形截面的板梁式桥架。箱形截面的板梁式桥架（简称梁式桥架）是天车桥架结构的基本形式，桥架的主梁是由钢板组合的实体梁式焊接结构，其结构如图 1—20 所示。由上、下盖板和两块垂直腹板组成的封闭箱形截面如图 1—20 中的 *C—C* 剖面所示。小车的轨道固定在主梁上盖板的中央，桥架整体结构

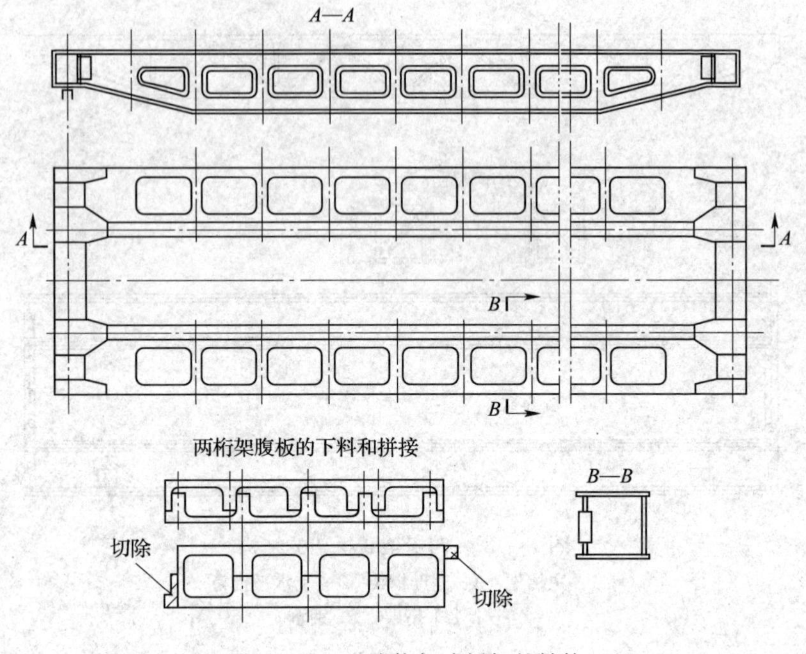

图 1—19　空腹桁架式桥架的结构

的强度和刚度均由箱形主梁来保证。两根主梁的外侧均有走台，其中一边的走台用于安装运行机构和电气设备，走台的左端有舱口可以通到下面的驾驶室；另一边的走台用来安装小车的导电滑线。走台位置的高低取决于车轮轴线的位置。为使运行机构的传动轴能在同一水平面内，可采用齿轮联轴器直接连接。因此，桥架端梁的构造要适应带角形轴承箱的车轮部位的安装，如图 1—20 中的 *B* 向视图所示。走台通常是呈悬臂状固定在主梁上的，靠主梁腹板伸出的支撑架来支托，走台的外侧装有栏杆，以便保证维修工作的安全。

箱形截面的板梁式桥架的特点是：比桁架式桥架制造工艺简单，通用性强，易于安装和检修。在 5 ~ 80 t 的中、小天车系列中主要采用这种结构形式，其缺点是自重大。

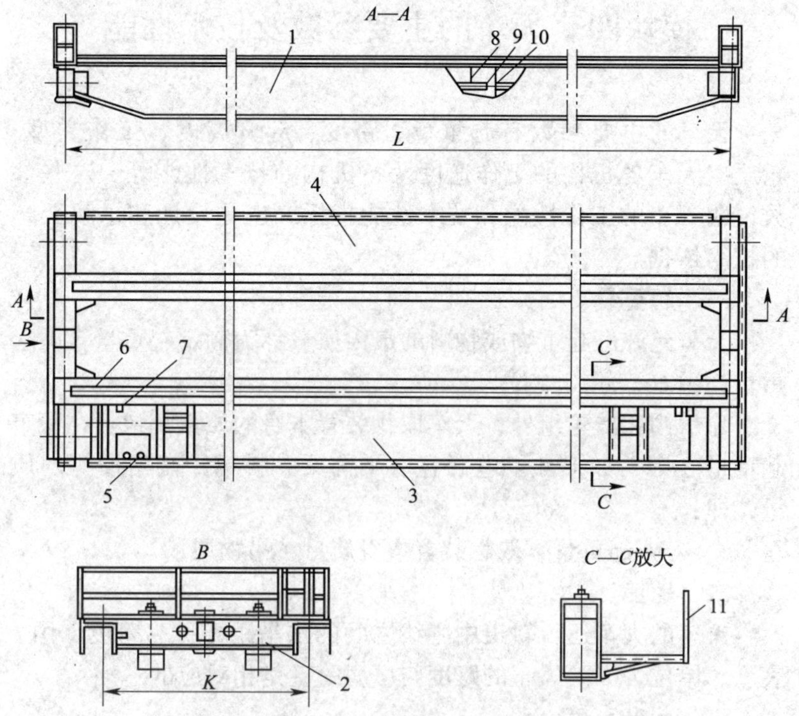

图 1—20　箱形截面板梁式桥架的结构

1—主梁　2—端梁　3—传动侧走台　4—输电侧走台　5—驾驶室舱门　6—缓冲器挡板　7—小车行程开关支座　8—小加劲板　9—水平加劲角钢　10—大加劲板　11—栏杆

2．驾驶室

驾驶室是天车司机操纵天车的地方。在驾驶室里设有操纵天车的操纵设施和电气设备。在驾驶室的后上方，有通向大车走台的舱口，是攀缘天车进行清扫和检查设备的通道。

驾驶室有固定在主梁下部一端的，也有随小车移动的，有敞开式的，也有封闭式的。

模块四　天车的主要参数及技术性能

天车的主要参数有起重量、跨度、起升高度、工作类型、轮压、天车各机构的工作速度及各机构的技术性能等。这些参数说明天车的工作性能和技术性能指标，也是设计和了解天车的技术依据。

一、起重量

天车允许吊起重物或物料的最大质量称为额定起重量，即起重量，用 Q 表示，单位为 t。

除吊钩和滑轮组外，天车取物装置本身的质量都包括在额定起重量之中，如抓斗、电磁盘、平衡梁、料罐、盛钢桶等的质量，即：

起重量 = 取物装置本身质量 + 吊物质量

二、跨度

天车的大车运行轨道中心线之间的水平距离称为跨度，用 L 表示，单位为 m。天车的跨度与厂房跨度是相对应的。

三、起升高度

起升高度是天车取物装置上极限位置与下极限位置之间的距离，用 H 表示，单位为 m。下极限位置以工作场地的地面为准（特殊情况也可以地面下的某点为准，如炼钢炉前的地坑）；上极限位置则以吊钩钩口中心为准，若采用抓斗则以抓斗底面最低点为准。在确定天车的起升高度时，除考虑起吊重物的最大高度以及需要超越地面设施高度外，还应考虑取物装置所占的高度。起重机的起升高度参见国家标准《电动桥式起重机跨度和起升高度系列》（GB/T 790—1995）。目前，我国只有额定起重量在 250 t 以下的天车的起升高度标准。其中桥式起重机、慢速桥式起重机、防爆桥式起重机和绝缘桥式起重机的起升高度见表1—1，电动单梁起重机和电动葫芦起重机的起升高度见表1—2。

表1—1　桥式起重机、慢速桥式起重机、防爆桥式起重机和绝缘桥式起重机的起升高度 m

额定起重量 G（t）	吊钩				抓斗		电动吸盘
	一般起升高度		加大起升高度		起升高度		一般起升高度
	主钩	副钩	主钩	副钩	一般	加大	
≤50	16	18	24	26	18～26	30	16
63～125	20	22	30	32	—	—	—
160～250	22	24	30	32	—	—	—

表1—2　电动单梁起重机和电动葫芦起重机的起升高度 m

起重机名称	起 升 高 度
电动单梁起重机	3.2～20
电动葫芦起重机	

四、天车的工作级别

天车的工作级别是表示天车受载情况和繁忙程度的综合性参数。天车是一种间歇动作的机械，其工作特点是具有周期性。天车的工作级别是根据天车的利用等级和天车的载荷状态来定的。工作繁忙程度不同，各机构的启动次数和制动次数也不同，因为启动和制动都会引起振动载荷，所以对机构的强度、疲劳、磨损和发热都会产生影响。因此，使用频繁程度不同的天车其工作级别也不同。

1. 天车的利用等级

天车的利用等级是指天车在其有效工作期间内的总工作循环次数，也可以理解为天车的繁忙程度。根据繁忙程度不同，把天车的利用等级划分为 U_0～U_9 十个级别，见表1—3。

表 1—3　　　　天车的利用等级

利用等级	繁忙程度
U_0 U_1 U_2 U_3	不经常使用
U_4	经常轻闲地使用
U_5	经常中等使用
U_6	不经常繁忙地使用
U_7 U_8 U_9	繁忙地使用

2．天车的载荷状态

天车的载荷状态是指天车受载的轻重程度。它与两个因素有关，一个是实际起升载荷与额定载荷之比；另一个是各个起升载荷的作用次数与总的工作循环次数之比。天车的载荷状态一般分为 4 级，见表 1—4。

表 1—4　　　　天车的载荷状态

载荷状态	说　明
Q1—轻	很少起升额定载荷，一般起升轻微载荷
Q2—中	有时起升额定载荷，一般起升中等载荷
Q3—重	经常起升额定载荷，一般起升较重载荷
Q4—特重	频繁地起升额定载荷

3．天车的工作级别

天车的工作级别是以金属结构受力状态为根据的，根据天车的利用等级和载荷状态不同，把天车划分为 A1 ~ A8 八种工作级别，见表 1—5。

表 1—5　　　　　天车工作级别的划分

利用等级 / 载荷状态	U_0	U_1	U_2	U_3	U_4	U_5	U_6	U_7	U_8	U_9
Q1—轻	—	—	A1	A2	A3	A4	A5	A6	A7	A8
Q2—中	—	A1	A2	A3	A4	A5	A6	A7	A8	—
Q3—重	A1	A2	A3	A4	A5	A6	A7	A8	—	—
Q4—特重	A2	A3	A4	A5	A6	A7	A8	—	—	—

各种天车的工作级别举例见表 1—6。

表 1—6　　　　各种天车的工作级别举例

天车形式			工作级别
桥式天车	吊钩式	电站安装及检修	A1 ~ A3
		车间及仓库用	A3 ~ A5
		繁重车间及仓库用	A6 ~ A7
	冶金专用	吊料箱用	A7 ~ A8
		加料用	A8
		铸造用	A6 ~ A8
		淬火用	A7 ~ A8
		夹钳、脱锭用	A8
龙门式天车	一般用途吊钩式		A5 ~ A6
	装卸用抓斗式		A7 ~ A8
	电站用吊钩式		A2 ~ A3
	造船安装用吊钩式		A4 ~ A5
	装卸集装箱用		A6 ~ A8
装卸桥	料场装卸用抓斗式		A7 ~ A8
	进口装卸用抓斗式		A8
	进口装卸集装箱用		A6 ~ A8

五、轮压

天车的轮压是指小车停在桥架一端并吊有额定负载时车轮所承受的垂直压力，单位为 t。

六、工作速度

工作速度是指天车各机构的运行速度，用 v 表示，单位为 m/min。

1. 起升速度

起升速度是指起升机构电动机在额定转速下吊具的上升速度，以 m/min 表示。一般天车的起升速度为 8 ~ 12 m/min，大起重量时为 1 ~ 4 m/min。

2. 大车运行速度

大车运行速度是指大车电动机在额定转速时大车的运行速度，以 m/min 表示，一般为 80 ~ 120 m/min。

3. 小车运行速度

小车运行速度是指小车电动机在额定转速时小车的运行速度，以 m/min 表示，一般为 30 ~ 50 m/min。

第二单元　天车的主要零部件

培训目标

1. 掌握取物装置、滑轮组及钢丝绳的主要结构特点和使用注意事项。
2. 了解卷筒、减速器和联轴器的结构及性能。
3. 掌握制动器的结构及其调整方法。
4. 了解各类缓冲器的基本结构和性能差异。

模块一　取物装置、滑轮组与卷筒

一、通用取物装置

在通用取物装置中，最常用的是吊钩或吊钩组，它是天车上重要的零件之一。

1. 吊钩组

吊钩组由吊钩、横梁、端面轴承和吊钩架等零件组成，通常都与动滑轮组合成吊钩组。吊钩组按结构类型分为两种，一种是长型吊钩组，如图 2—1a 所示；另一种是短型吊钩组，如图 2—1b 所示。长型吊钩组的滑轮轴和吊钩横梁是分开的两个零件，它们平行地安装在挂架上，呈上下装置。吊钩为短颈吊钩，这种类型的吊钩组整体高度较大，起升时会占去一部分有效的起升高度。而短型吊钩组的滑轮轴和吊钩横梁是同一个零件，省去了挂架，即把吊钩和滑轮装置在同一根轴上。但滑轮必须安装在吊钩的两边，以便吊钩组两边对称，使两边滑轮绳索受力相等。短型吊钩组只适用于小吨位和滑轮倍率为偶数的天车上。为使吊钩转动时不至于碰到两边的滑轮，应选用钩颈较长的吊钩。尽管如此，它的总高度仍比长型吊钩组短，故称为短型吊钩组。

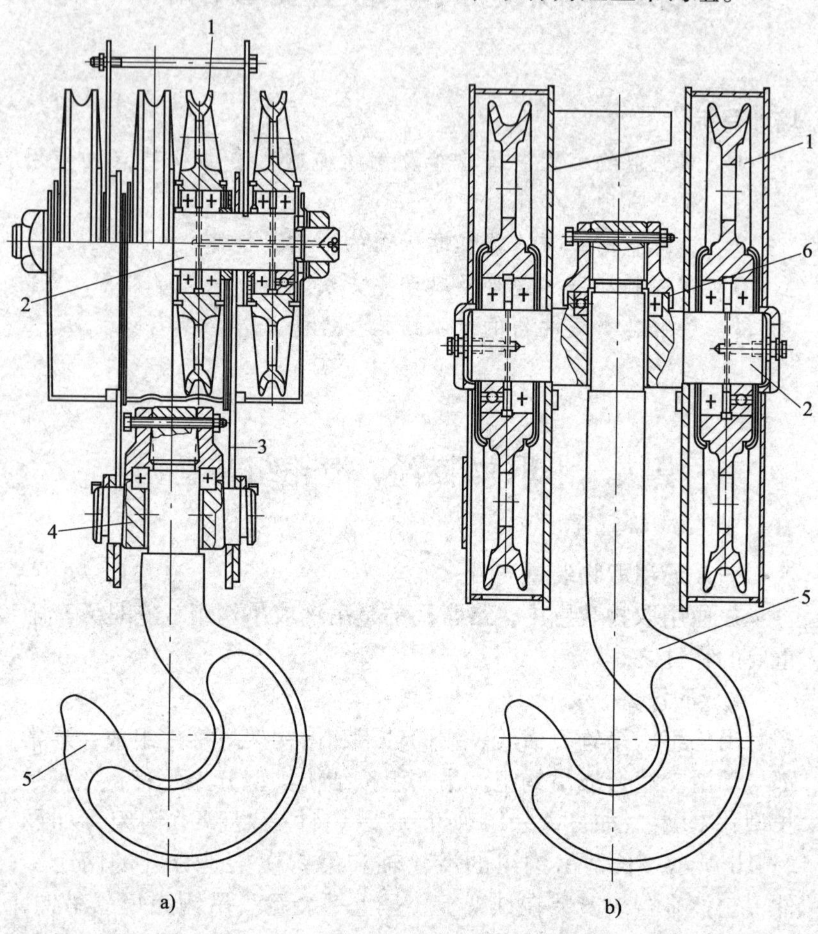

图 2—1　吊钩组

a）长型吊钩组　b）短型吊钩组

1—滑轮　2—滑轮轴　3—挂架　4—横梁　5—吊钩　6—轴承

2. 吊钩的形式

吊钩有单钩和双钩两种形式。单钩用途最广泛，双钩用于吊运较长、较重的物品。目前所用的吊钩都是锻造、冲压或用钢板切割成型的板片叠合后铆接而成的。锻造吊钩如图 2—2 所示。

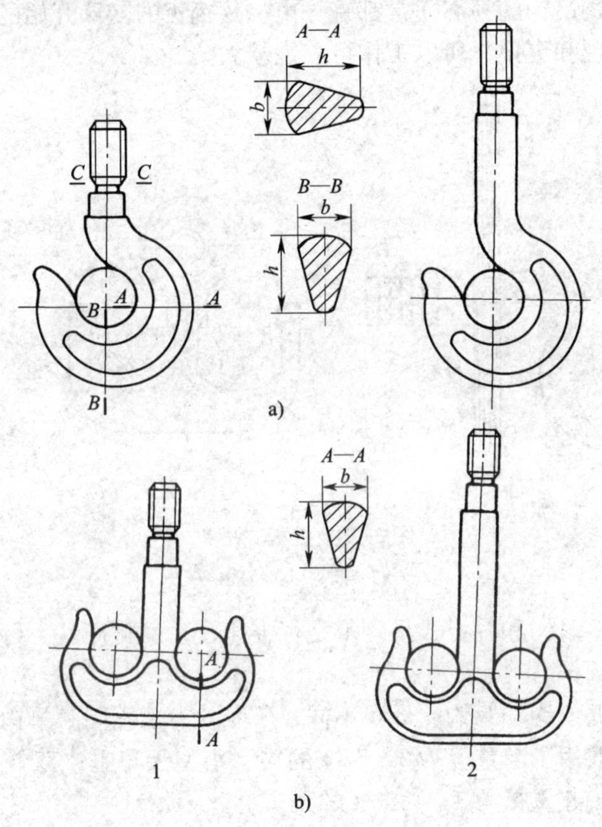

图 2—2　锻造吊钩

a）单钩　b）双钩

叠板式吊钩是由切割成型的钢板铆接而成的，如图 2—3 所示。为了使负荷均匀地分布到吊钩中的所有钢板上，在叠板式吊钩的开口处要镶嵌一块可拆换、活动的钢板，这样能减轻钢板对钢丝绳的磨损。在钩颈的环形孔中装有轴套。叠板式吊钩中钢板的厚度不小于 20 mm，硬度应达到 95 ~ 135HBW。轴套用 35 钢、40 钢、45 钢或 16Mn 钢制成。叠板式吊钩与锻造吊钩相比具有很多优点，其制造工艺比较简单，特别适合于制作大型吊钩。由于叠板式吊钩的损坏通常都是先由一片钢板的变形开始的，可以及时发现和更换，所以工作可靠性较大。

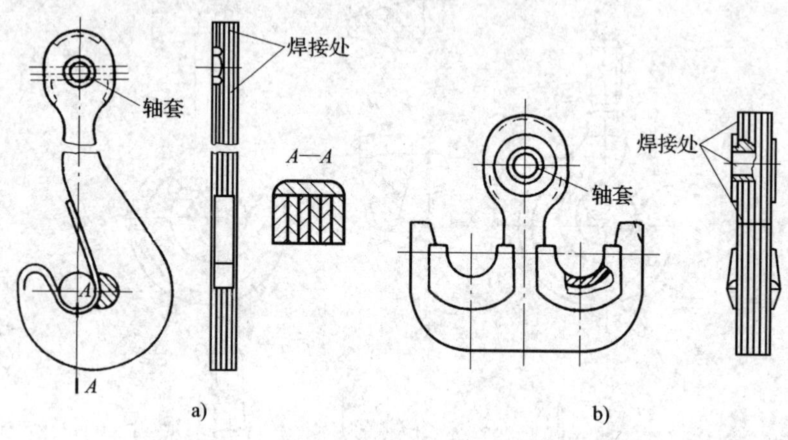

图 2—3　叠板式吊钩

a）单钩　b）双钩

锻造吊钩和叠板式吊钩都是标准化、系列化产品，可根据起重量来选择。

根据单钩和双钩的形状不同，所受的力也不同。单钩受偏心力，一般用于起重量为 3 ~ 75 t 的中、小型天车上；双钩对称受力，用于起重量为 75 ~ 300 t 的天车上。

3．吊钩的安全使用

（1）不得超负荷使用。使用前，应检查吊钩上标注的额定起重量，如没有标注或标记模糊不清，应重新计算并通过负荷试验来确定其额定起重量。实际起重量不得大于额定起重量。

（2）在使用过程中，应经常检查吊钩的表面情况，保持吊钩光滑、无裂纹、无刻痕等。

（3）挂吊索时要将吊索挂至吊钩底部。如需将吊钩直接吊挂在构件的吊环中时，钩体与吊环大小应匹配，以避免钩身因受侧向载荷而产生扭曲变形。

（4）对于经常使用的吊钩，每年要进行一次检验，并规定锻造吊钩的截面高度 h 磨损超过 10% 即应报废，其磨损检验图如图 2—4 所示。

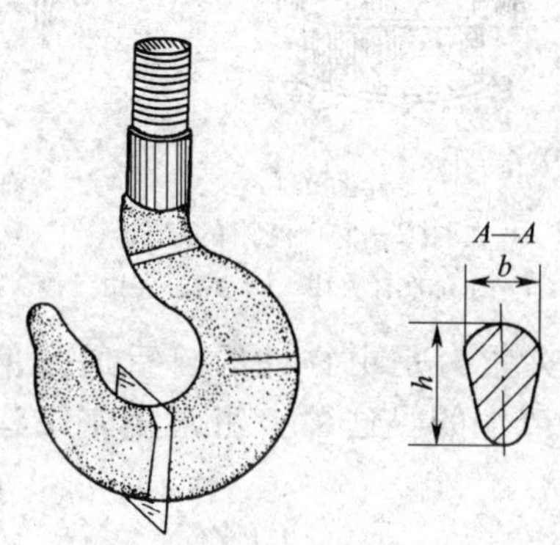

图 2—4　锻造吊钩磨损检验图

二、专用取物装置

专用的取物装置有夹钳、电磁盘和抓斗等。它们既可以作为天车的辅助性取物装置，也可以作为永久性取物装置。下面分别介绍它们的使用特点。

1. 夹钳

夹钳类取物装置多用来搬运成件物件，其结构如图 2—5 所示，这类取物装置是依靠钳口与物件之间的摩擦力来夹持和提取物品的。按照夹紧力产生方式的不同，可将夹钳分为杠杆夹钳和偏心夹钳两大类。

杠杆夹钳的夹紧力是借助物件自重，通过杠杆作用而产生的。因此，当钳口距离保持不变时夹紧力与货物自重成正比，从而能可靠地夹持住重物。杠杆夹钳悬挂在天车的吊钩上进行作业。

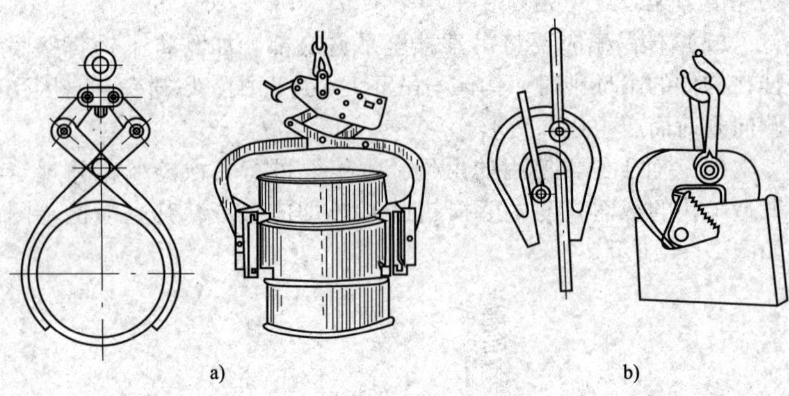

图 2—5　夹钳的结构

a）杠杆夹钳　b）偏心夹钳

偏心夹钳的夹紧力是由物件的自重通过偏心块和物件之间的自锁作用而产生的。这种夹钳常用来吊运钢板之类的物品。

2. 电磁盘

电磁盘是用来吊运具有铁磁性的金属材料的吊具。常用的电磁盘有圆形电磁盘和矩形电磁盘两种，如图 2—6 所示。圆形电磁盘一般用来吊运钢锭、钢铁铸件以及散碎的钢屑等。矩形电磁盘主要用来吊运成型的钢材，如钢板、钢管以及各种型钢等；也可以在一根平衡梁下同时使用几个电磁盘来吊运较长的型钢或钢材。它的优点是装卸物品时可以自动进行，不用挂钩人员。但它也有一些缺点，如自重大，消耗功率大等。在使用电磁盘吊运物件时，要特别注意安全，因为电磁盘一旦失电，重物就会立刻坠落。虽然经过改进后有一定的延时作用，但危险性还是很大的。所以用电磁盘吊运物件时绝对不允许在人和设备上面通过。

电磁盘不准用于吊运超过 200℃以上的物件。因为温度在 300℃以上时铁磁性材料会因磁畴被破坏而失去铁磁性。

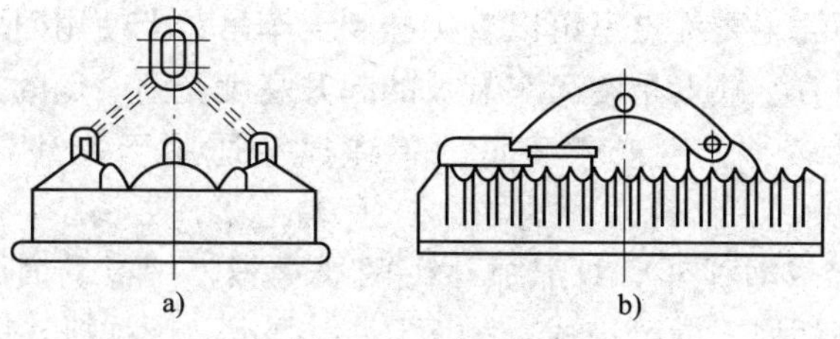

图2—6　电磁盘

a）圆形电磁盘　b）矩形电磁盘

3. 抓斗

抓斗是一种吊运散状物料的取物装置。使用抓斗可以降低工人劳动强度，提高生产效率。根据构造和操作特点的不同，抓斗可分为单绳抓斗、双绳抓斗和电动抓斗三种，但用得较多的还是双绳抓斗。

（1）单绳抓斗。单绳抓斗只有一根绳索悬挂在起升机构的一个卷筒上，如图2—7所示。它的基本结构与双绳抓斗相同。

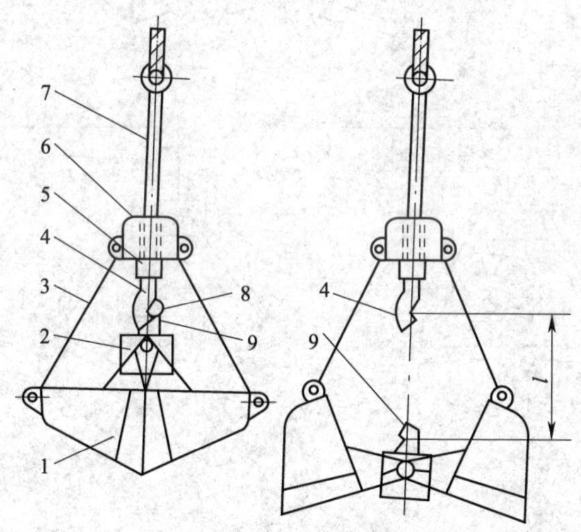

图2—7　单绳抓斗

1—颚板　2—下横梁　3—撑杆　4，9—挂钩

5—拉杆　6—上横梁　7—绳索　8—杠杆

这种抓斗的主要优点是可以直接挂到天车吊钩上使用而不需要任何附加装置。缺点是使天车有效的起升高度受到一定的损失，工作可靠性较差，生产效率低。单绳抓斗适用于装卸量不大的料场。

（2）双绳抓斗。双绳抓斗由两块颚板、一根下横梁、两根支撑杆和一根上横梁组成，如图 2—8 所示。这种抓斗是由两根绳索分别悬挂到起升机构和启闭机构的卷筒上的。其优点是结构

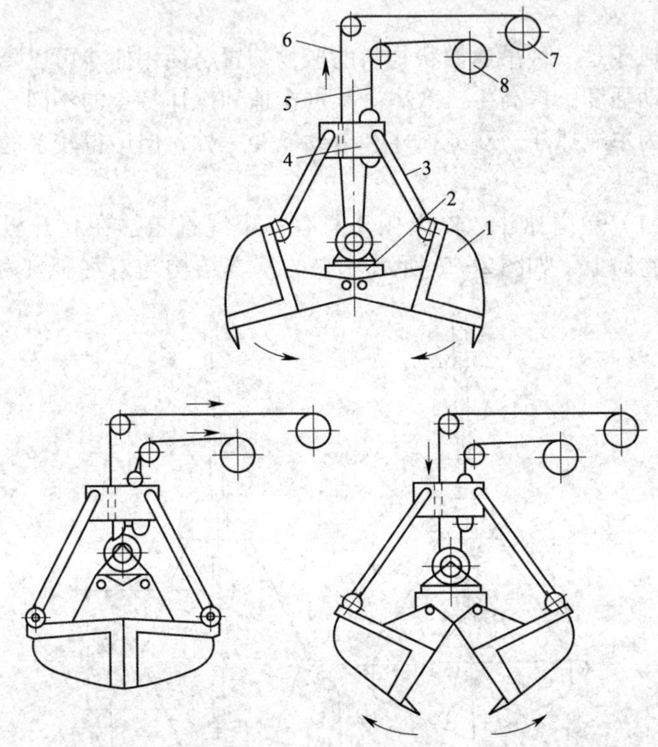

图 2—8　双绳抓斗

1—颚板　2—下横梁　3—撑杆　4—上横梁　5—起升绳

6—启闭绳　7—启闭卷扬机构　8—起升卷扬机构

简单，工作安全、可靠，生产效率高，在任何高度均可卸载。缺点是必须具备两套卷扬机构才能工作，增加了机构的复杂性。

（3）电动抓斗。电动抓斗根据执行机构的特点不同又可分为机械式、液压式和气动式三种，其中机械式使用较多，如图2—9所示。这种电动单绳抓斗颚板的启闭由固定在横梁上的电动机来控制。它可在任意高度卸料，因此生产效率比单绳抓斗高，但比双绳抓斗低。缺点是电动抓斗自重大，尤其是头部质量大，重心较高，不够稳定。

三、滑轮组

滑轮组是由钢丝绳和一定数量的定滑轮、动滑轮组成的组合体。滑轮用来改变钢丝绳的受力方向。滑轮组可以直接作为起重装置使用，也可以作为天车起升机构中的一部分。

按使用目的不同，滑轮组可分为省力滑轮组和增速滑轮组两种，如图2—10所示。

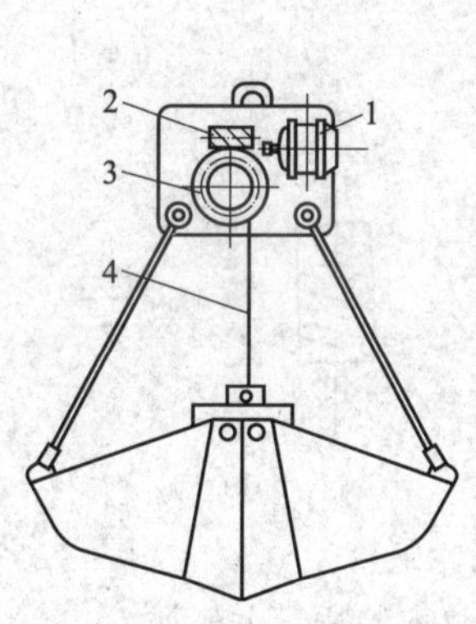

图2—9　机械式电动抓斗

1—电动机　2—蜗杆

3—蜗轮　4—启闭颚板绳索

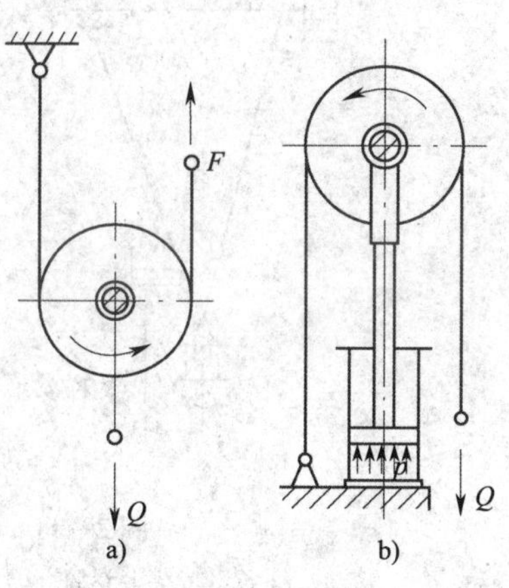

图2—10　滑轮组

a）省力滑轮组　b）增速滑轮组

1. 省力滑轮组

天车中普遍采用的是省力滑轮组，采用这种滑轮组时，可以用较小的力吊起重物，从而减小电动机的功率及其附属机构的体积。

省力滑轮组中常用的有单联滑轮组和双联滑轮组两种。单联滑轮组如图 2—11 所示，它的特点是绕入卷筒的绳索分支数为一根。采用单联滑轮组升降物品时会产生水平移动，如图 2—11a 所示。如升降速度很快，必将引起物品在空中摇晃，不便于操作。为了消除这种现象，在绳索绕入卷筒之前需设置一个固定的导向滑轮，使绳索通过导向滑轮绕入卷筒，如图 2—11b 所示，这样物品在升降过程中就不会发生水平移动或摇晃。

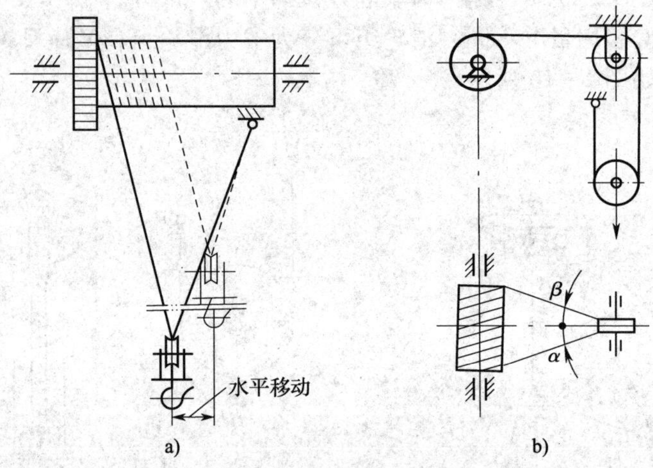

图 2—11　单联滑轮组

a）绳索直接绕上卷筒　b）绳索经导向滑轮后绕上卷筒

在双联滑轮组中，绕入卷筒的绳索分支数有两根，它的特点是物品做垂直升降时没有水平移动。双联滑轮组如图 2—12 所示，通常分为两倍率、三倍率、四倍率和六倍率等形式。所谓滑轮组的倍率，就是其省力的倍率，也就是减速比。对于单联滑轮组，倍率等于钢丝绳分支数；对于双联滑轮组，倍率则等于钢丝绳分支数的一半。

双联滑轮组是由两个倍率相同的单联滑轮组并联而成的，其绳索的两端都固定在带有左、右螺旋槽的卷筒上。为了使绳索由一边的单联滑轮组过渡到另一边的单联滑轮组上，动滑轮和定滑轮之间应布置一个均衡轮，当倍率为双数时，均衡滑轮应布置在定滑轮上；当倍率大于 6 时，应采用平衡杠杆来均衡两根钢丝绳的张力和长度。

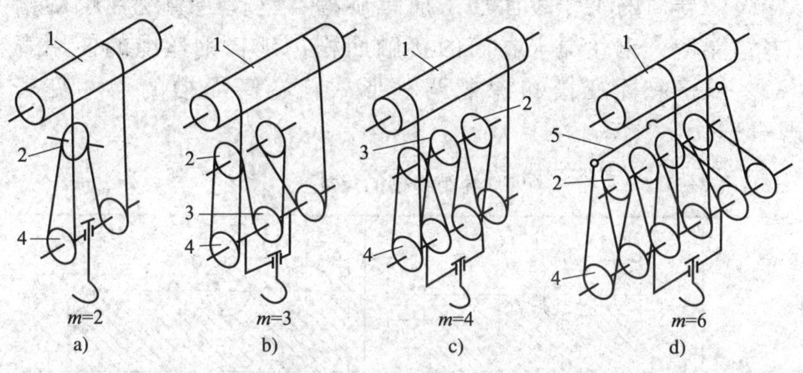

图 2—12　双联滑轮组

1—卷筒　2—定滑轮组　3—均衡轮　4—动滑轮组　5—平衡杠杆

2. 增速滑轮组

增速滑轮组用液压缸直接驱动动滑轮，动滑轮为主动部分，移动的绳索端部为从动部分。其特点是主动部分只移动一段较小的距离，从动部分就能得到较大的位移及较高的速度，从而起到增速的作用。

四、卷筒

卷筒既能传递动力，又能把电动机的旋转运动转换成直线运动。在起升机构中卷筒是用来卷绕和曳引钢丝绳的，用它的旋转运动来驱动重物的升降。

1. 卷筒的结构

卷筒的结构形式很多，在大多数情况下为圆柱形。它是天车起升机构中用来卷绕钢丝绳的部件，它主要由卷筒、连接盘、轴、大齿轮、轴承座、轴承、螺栓及抗剪套等组成。

卷筒一般采用灰铸铁制造，卷筒的名义直径已标准化，其标准直径为300，400，500，700，750，800，900和1 000 mm。大型卷筒为保证足够的强度，可用 Q235 钢的钢板焊接而成。卷筒有单层卷绕和多层卷绕两种类型，天车多选用铸铁单层卷筒。卷筒的工作表面加工成螺旋槽，钢丝绳缠绕在螺旋槽中，能增大钢丝绳与卷筒的接触面积，延长钢丝绳的使用寿命。绳槽有标准槽和深槽两种形式，卷筒绳槽的尺寸见表2—1。

表 2—1　　卷筒绳槽的尺寸　　mm

绳槽半径 R	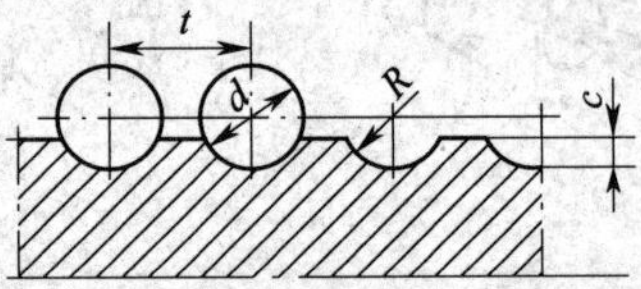 标准槽			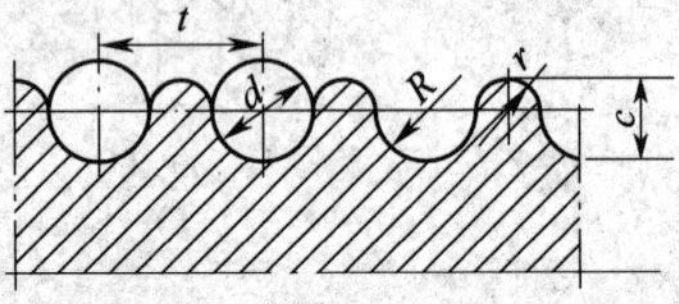 深槽		
	t	r	c	t	r	c
5	11	1.0	3	13	1.5	6.5
7	13	1.0	3	17	1.5	8.5
8	15	1.0	4	19	1.5	9.5
9	18	1.5	5	22	2.0	11.0
12	24	1.5	5	27	2.0	13.5
16	30	2.0	6	31	2.5	16.0
20	36	2.0	8	36	2.5	18.0

注：t—槽距；c—绳槽深度；r—槽顶半径。

2．钢丝绳在卷筒上的固定

钢丝绳在卷筒上的固定形式如图 2—13 所示，其中压板用于固定钢丝绳。

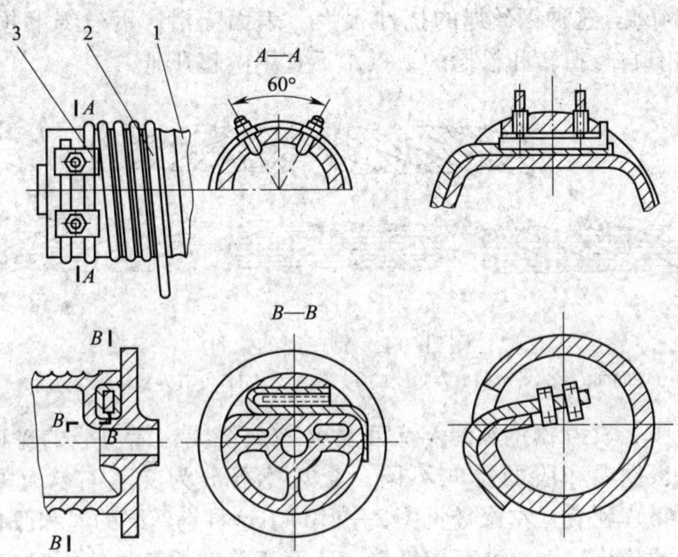

图 2—13　钢丝绳在卷筒上的固定形式

1—筒体　2—钢丝绳　3—压板

模块二　钢　丝　绳

钢丝绳是天车中承担全部外载荷的重要零件之一。它具有绕性好、强度高、自重轻、承载能力大、极少骤然断裂、在机构上运行平稳、工作无噪声及制造成本低等优点。

一、钢丝绳的种类

1．根据钢丝绳的捻向分类

钢丝绳是由钢丝捻成股，然后再由股捻成绳的。按照股与绳的捻绕方向不同，可分为同向捻、交互捻与混合捻三种。

（1）同向捻钢丝绳。同向捻又称顺绕绳，绳与股的捻向相同。同向捻又分为同向右捻（见图 2—14a）和同向左捻（见图 2—14b）。这种钢丝绳的挠性很大，表面光滑，钢丝绳磨损小，但它有自行扭转和松捻的缺点，不宜用做起升绳。

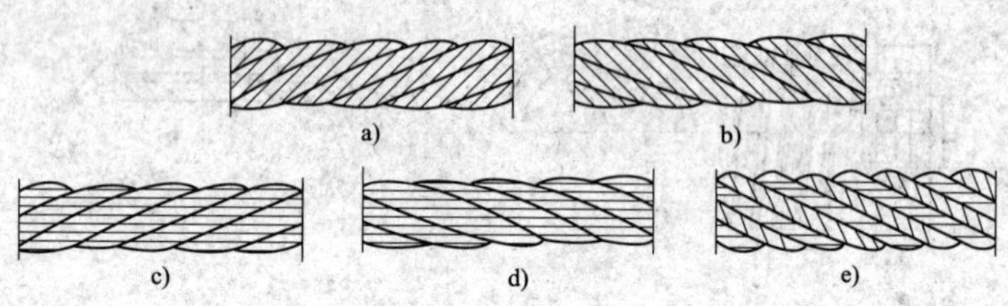

图 2—14　钢丝绳的捻向

a）同向右捻　b）同向左捻　c）交互右捻　d）交互左捻　e）混合捻

（2）交互捻钢丝绳。交互捻又称交绕绳，绳与股的捻向相反。根据绳和股的捻向不同，交互捻可分为交互右捻（见图 2—14c）和交互左捻（见图 2—14d）。这种钢丝绳的绳和股自行松散的趋势较小，可互相抵消，不至于旋转松散，使用时安全、方便。它的缺点是挠性小，使用寿命较短。

（3）混合捻钢丝绳。混合捻又称混绕绳，有半数的股左旋，半数的股右旋，如图 2—14e 所示。这种钢丝绳制造复杂，极少应用。

2. 根据钢丝之间的接触状态分类

根据钢丝之间的接触状态不同，绳股可以分为点接触型、线接触型和面接触型三种。

（1）点接触型。点接触型钢丝绳中的股是由直径相同的钢丝捻制而成的。而股中内外各层钢丝的节距不同，故互相呈点接触状，如图 2—15a 所示。这种钢丝绳应用较多，但反复弯曲时易折断，使用寿命短。

（2）线接触型。线接触型钢丝绳绳股中各层钢丝的直径不同，但节距相等，外层钢丝位于里层钢丝之间的沟槽里，故内、外层钢丝互相接触在一条螺旋线上形成线接触，如图 2—15b 所示。由于改善了接触情况，延长了使用寿命。线接触型钢丝绳比点接触型钢丝绳承载能力大，防灰尘和抵抗潮湿的能力较强，所以应用非常普遍。

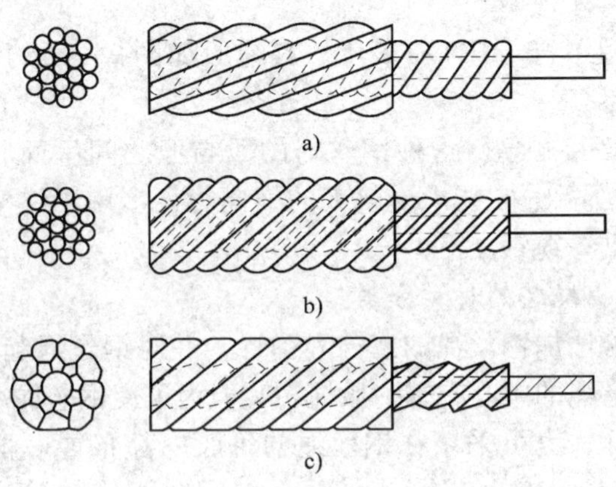

图 2—15　点、线、面接触的钢丝绳

a）点接触型　b）线接触型　c）面接触型

我国生产的线接触型钢丝绳又分为外粗型、粗细型和填充型三种，绳股的构造如图 2—16 所示。

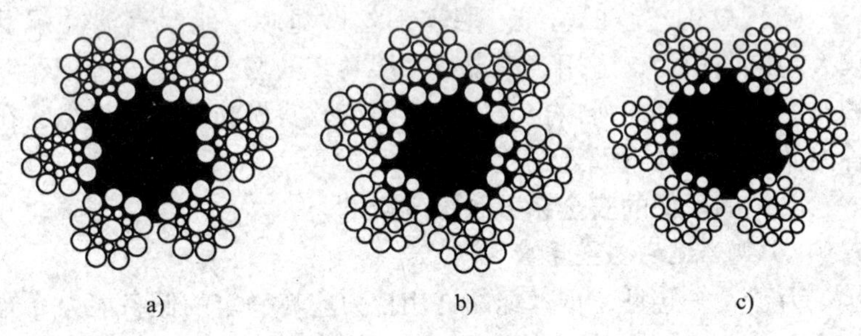

图 2—16　绳股的构造

a）外粗型　b）粗细型　c）填充型

外粗型又称西尔型，用符号“X”表示，其绳股如图2—16a所示。这种钢丝绳外层的钢丝比内层的粗，因而耐磨。

粗细型又称瓦林吞型，用符号“W”表示，其绳股如图2—16b所示。这种钢丝绳的外层采用粗钢丝和细钢丝相互间隔排列组成，钢丝绳断面的充填系数较高，绕性较好，起重设备常用。

填充型用符号“T”表示，其绳股如图2—16c所示。目前国内应用不多。

（3）面接触型。这种钢丝绳的股与股之间呈面状接触，如图2—15c所示。它能承受较大的横向力，多用于缆索起重和架空索道的支撑缆索。

3. 根据绳芯的种类分类

绳芯能增加钢丝绳的挠性和弹性，并对钢丝绳起润滑作用。一般在钢丝绳的中心布置一股绳芯，但为了使钢丝绳增加更多的挠性和弹性，也可采用在钢丝绳的每股中都布置一根绳芯的形式。

（1）有机芯钢丝绳。一般用麻做绳芯，这种钢丝绳最常用，但不适用于高温作业场合。

（2）石棉芯钢丝绳。用石棉做绳芯的钢丝绳能耐高温，适用于冶金、铸造等高温作业环境。

（3）软钢丝芯钢丝绳。用软钢丝做绳芯，能耐高温并承受较大的横向压力，适用于高温或多层卷绕的场合。但这种钢丝绳的自润滑性不好，所以也有用金属螺旋软管做绳芯的钢丝绳，在管内储油以增强钢丝绳的自润滑作用。

二、钢丝绳的安全系数和报废标准

1. 钢丝绳的安全系数

为了安全起见，钢丝绳的许用拉力应有一定的储备能力。储备能力的大小用安全系数 n 表示。即破断拉力是许用拉力的 n 倍，用公式表示为：

$$n = \frac{S_p}{[S]}$$

式中　n——钢丝绳的安全系数；

S_p——钢丝绳的破断拉力，N；

$[S]$——钢丝绳的许用拉力，N。

钢丝绳做拉伸试验时被拉断的拉力称为钢丝绳的破断拉力，钢丝绳的破断拉力也可以用下式计算：

$$S_p = \varphi S_0$$

式中　S_0——钢丝绳的钢丝破断拉力总和，N。S_0可以从不同类型规格钢丝绳的性能表中查得，还可以近似估算，方法如下：

当抗拉强度为 1 400 MPa 时，$S_0 = 428d^2$（d—钢丝绳直径，mm）；

当抗拉强度为 1 550 MPa 时，$S_0 = 474d^2$；

当抗拉强度为 1 700 MPa 时，$S_0 = 520d^2$；

当抗拉强度为 1 850 MPa 时，$S_0 = 566d^2$；

当抗拉强度为 2 000 MPa 时，$S_0 = 612d^2$。

φ——钢丝绳破断拉力折减系数。当钢丝绳为 $6 \times 19 + 1$①时，$\varphi = 0.85$；当钢丝绳为 $6 \times 37 + 1$ 时，$\varphi = 0.82$；当钢丝绳为 $6 \times 61 + 1$ 时，$\varphi = 0.80$。

在实际工作中，钢丝绳的安全系数是根据起升机构的不同工作级别来选取的，钢丝绳的安全系数 n 见表 2—2。

表 2—2　　钢丝绳的安全系数 n

工作级别	A1～A3	A4～A5	A6～A8
n	5.0	5.5	6.0

① 指钢丝绳的结构，表示钢丝绳由 6 股绕成，每股 19 根钢丝，中间为 1 根绳芯。

2. 钢丝绳的报废标准

钢丝绳使用一段时间后，外层钢丝由于磨损和腐蚀会逐渐断丝。钢丝绳的报废标准是根据钢丝绳的表面磨损或腐蚀情况以及断丝情况决定的，钢丝绳报废时一个捻距内的断丝数见表2—3，钢丝绳断丝数只要达到或超过表中所规定的数值，即应报废。

表2—3　　钢丝绳报废时一个捻距内的断丝数

钢丝绳的安全系数	钢丝绳的结构形式							
	6×19+1麻芯		6×37+1麻芯		6×61+1麻芯		18×19+1麻芯	
	在一个捻距内的断丝数量							
	交互捻	同向捻	交互捻	同向捻	交互捻	同向捻	交互捻	同向捻
<6	12	6	22	11	36	18	36	18
6~7	14	7	26	13	38	19	38	19
>7	16	8	30	15	40	20	40	20

捻距是指钢丝绳绳股捻绕一周后在同一侧相同点的轴线距离，如图2—17所示。

当钢丝绳表面既有磨损或腐蚀，又有断丝现象时，应根据磨损或腐蚀程度来降低允许断丝的报废根数，钢丝绳表面磨损或腐蚀折算系数见表2—4。

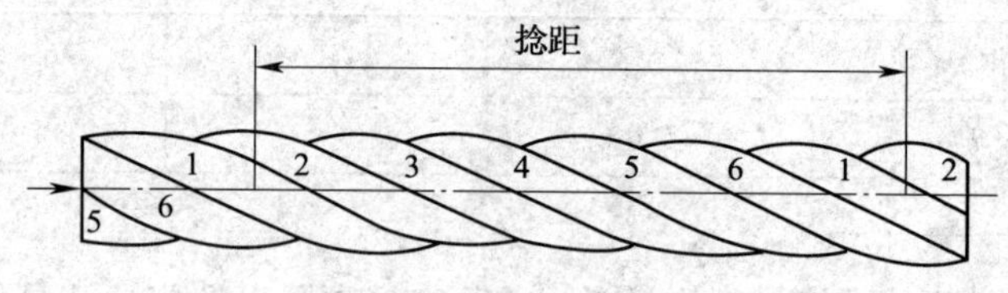

图2—17　钢丝绳的捻距

表 2—4　　钢丝绳表面磨损或腐蚀折算系数

钢丝绳表面磨损或腐蚀量（%）	折算系数（%）
10	85
15	80
20	70
25	60
30 ~ 40	50

【例 2—1】　一桥式天车使用的钢丝绳安全系数小于 6，钢丝绳是 6 × 37 + 1 交互捻式的，使用一段时间后，发现在一个捻距内断 20 根钢丝，同时发现表面磨损量为 25%。问此钢丝绳是否应报废?

解：（1）首先根据已断丝数判断是否应报废。

查表 2—3，该钢丝绳安全系数 $n<6$，6 × 37 + 1 的交互捻钢丝绳在一个捻距内断丝 22 根才应予报废。

（2）考虑磨损和腐蚀情况，再进一步核算报废标准。

因为该钢丝绳最外层的钢丝磨损量已达 25%，钢丝绳的负载能力必然有所下降。磨损 25% 后的报废断丝数应按表 2—4 推荐的折算系数 60% 重新核算，所以钢丝绳磨损后的报废标准为：22 × 60% = 13. 2 根断丝。

核算后，因一个捻距内断丝 20 根，已超过 14（13. 2）根，故该钢丝绳应予以报废。

三、钢丝绳末端的固定和连接以及更换钢丝绳的方法

1. 钢丝绳末端的固定和连接方法

使用钢丝绳时其末端需要固定和连接，以防止它与其他构件连接时发生脱落和松散现象。钢丝绳末端的固定和连接方法有以下几种：

（1）灌铅固定法。将钢丝绳末端装入锥形套中松散成丝，丝头弯折为小钩状，然后灌满熔铅。此方法牢固、可靠，不易脱出。但操作较为麻烦，拆换不便，如图 2—18a 所示。

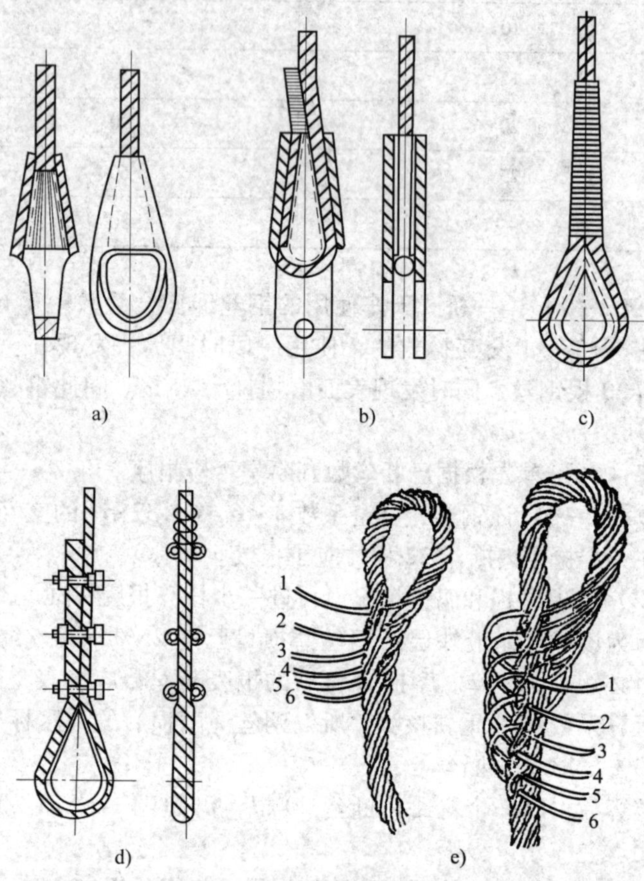

图 2—18　钢丝绳绳端固定法

a）灌铅固定法　b）斜楔固定法　c）绳环固定法

d）绳卡固定法　e）编结法

（2）斜楔固定法。将钢丝绳沿楔形块弯曲成型后卡入锥形套中，靠斜楔面的摩擦自锁自动夹紧。它的特点是装拆方便，但不适用于冲击载荷，如图 2—18b 所示。

（3）绳环固定法。将钢丝绳绕过绳环后用细铁丝扎紧，如图 2—18c 所示。

（4）绳卡固定法。将钢丝绳绕过绳环后用卡子固定，如图 2—18d 所示。为了保证安全、可靠，所用的绳卡最少不得少于 3 个。此方法使用方便，适用广泛。

（5）编结法。编结法是将钢丝绳的一端绕成绳环，然后利用穿钎将钢丝的各股编结在一起，如图 2—18e 所示。固定处的强度要比原来强度高 75% ~90% 。常用的编结方法有“一进三”和“一进五”两种。

2. 钢丝绳的更换方法

当旧钢丝绳已确定报废，必须更换新钢丝绳时，其更换方法如下：

（1）首先把钢丝盘放到专用的转动支架上，然后将其运到天车下方正对着卷筒下面安放妥当。

（2）把吊钩落在干净的地面上，并将滑轮垂直放置，再开动卷筒放下旧钢丝绳，直到不能再放下为止。

（3）把卷筒一端固定钢丝绳的压板松开，使钢丝绳一头落在地面上，将新钢丝绳的绳头与旧钢丝绳的绳头用直径为 1 ~ 2 mm 的铁丝扎紧，并使接头处能顺利地通过滑轮槽。

（4）开动起升机构使钢丝绳上升，用旧绳带新绳，直到新绳升到卷筒上时停车，拆开新、旧绳头连接处，把新钢丝绳绳头暂时绑在小车架上。再把新钢丝绳的另一头也提升上来。最后开动卷筒把旧钢丝绳全部放置到地面上。

（5）用另外的提物绳子把新绳的另一端提到卷筒处，然后把新绳两端用压板再固定在卷筒上。

（6）开动起升机构，缠绕新钢丝绳，把吊钩提升起来，钢丝绳更换工作结束。

采用这种方法更换钢丝绳时，省时省力，安全可靠，且能保证更换质量。

四、钢丝绳的维护

在日常生产中为防止钢丝绳腐蚀和磨损，一般应3～4个月加一次油脂润滑。对不易看到或不易接近的部位，应特别注意。所用的润滑油要符合该钢丝绳的要求，并且不应影响钢丝绳的外观检查。在使用润滑脂润滑前要用煤油清洗钢丝绳，然后涂抹润滑脂。或者将润滑脂加热到80℃以上浸煮钢丝绳，使油容易渗到钢丝绳的内部。

在加油脂前应先将吊钩落到接近地面的最低位置，把一部分油脂涂抹在卷筒上，然后把吊钩升起，再将润滑脂涂抹在卷筒表面的钢丝绳上。在起重时，如发现钢丝绳绳股间有较多的油脂挤出，表明钢丝绳载荷已相当大，必须加强检查，以防止发生事故。

模块三　减速器、联轴器及制动器

减速器、联轴器和制动器都是天车传动系统中的重要部件。它们的作用是将电动机的转矩以适当的方式和速度传递给天车的执行部件，同时还要保证将吊物准确地停在目标位置。

一、减速器

1. 减速器的分类

天车中使用的减速器有卧式和立式两种。

卧式减速器多用在天车的起升机构和大车运行机构上，一般为两级渐开线圆柱齿轮减速器，其外形如图2—19所示。

天车上常用的减速器型号为ZQ型或JZQ型，后者是前者的改进型。ZQ型卧式减速器的装配种类如图2—20所示，其结构如图2—21所示。

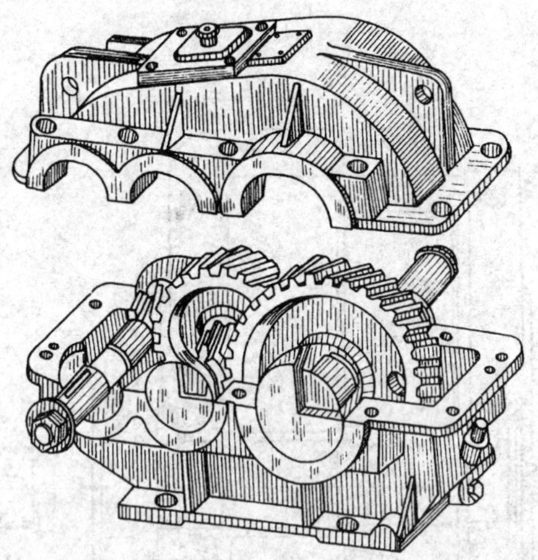

图 2—19 卧式减速器的外形

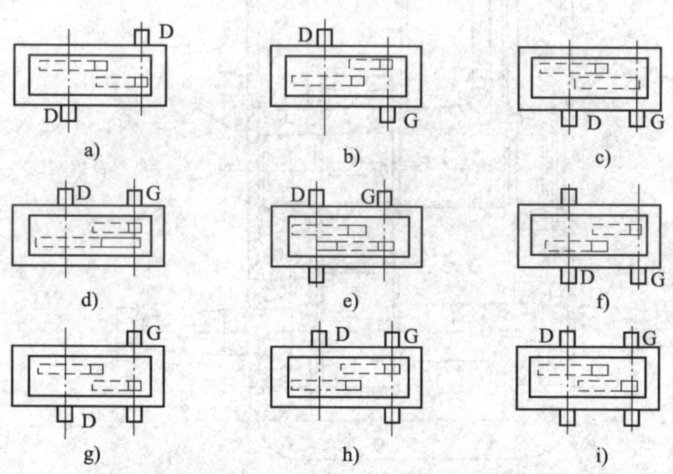

图 2—20 ZQ 型卧式减速器的装配种类

G—输入端 D—输出端

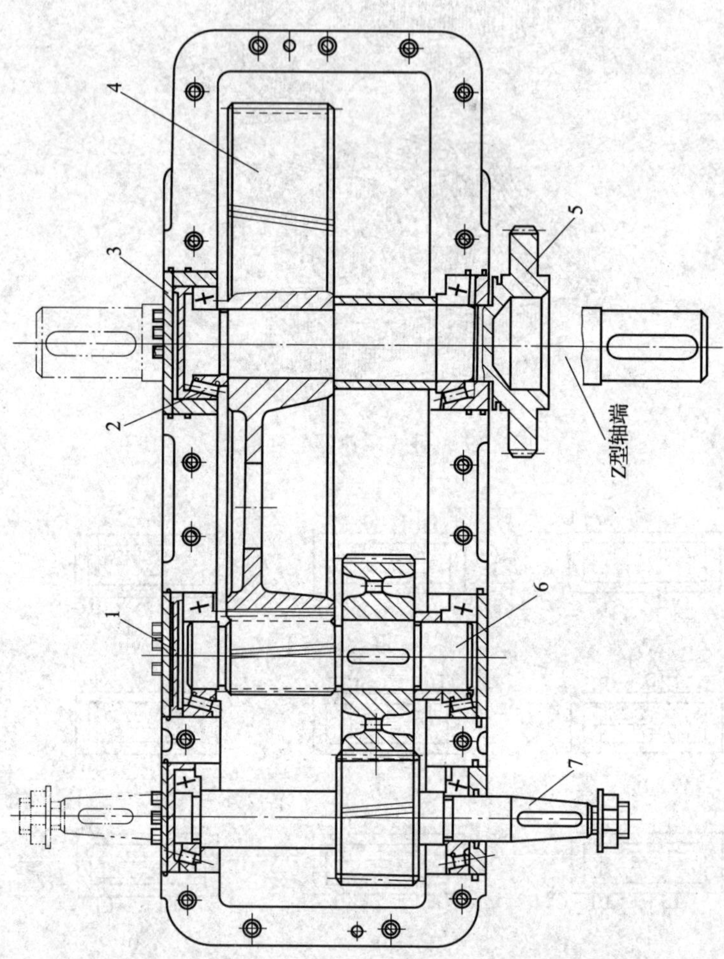

图 2—21　ZQ 型卧式减速器的结构

1—挡盖　2—轴承　3—端盖　4—齿轮　5—被动轮　6—中间轴　7—主动轴

ZQ 型减速器的主要技术数据见表 2—5。

表 2—5　ZQ（JZQ，PM）型减速器的主要技术数据

齿数比 \ 传动比代号	Ⅰ	Ⅱ	Ⅲ	Ⅳ	Ⅴ	Ⅵ	Ⅶ	Ⅷ	Ⅸ
第一级 $i_1=\frac{z_2}{z_1}$	$\frac{88}{11}$	$\frac{86}{13}$	$\frac{85}{14}$	$\frac{81}{18}$	$\frac{79}{20}$	$\frac{77}{22}$	$\frac{73}{26}$	$\frac{69}{30}$	$\frac{64}{35}$
第二级 $i_2=\frac{z_4}{z_3}$	$\frac{85}{14}$	$\frac{85}{14}$	$\frac{83}{16}$	$\frac{83}{16}$	$\frac{83}{16}$	$\frac{81}{18}$	$\frac{81}{18}$	$\frac{81}{18}$	$\frac{81}{18}$
$i=\frac{z_2z_4}{z_1z_3}$	48.57	40.16	31.50	23.34	20.49	15.75	12.63	10.35	8.23

立式减速器通常用在天车的小车运行机构中。由于其特殊的结构，可以使小车的传动装置更加紧凑。

ZSC 型立式减速器是立式渐开线圆柱齿轮减速器，其结构如图 2—22 所示。主动轴输入端与被动轴输出端的形式一样，既可以从左端输入，也可以从右端输入。

ZSC—750 型和 ZSC—400 型减速器的技术数据见表 2—6 和表 2—7。

上述两种减速器中齿轮的圆周速度一般都不超过 10 m/s。

2. 减速器的使用与维护

（1）防止漏油的措施。减速器使用中常见的问题是局部渗油和漏油，漏油大多发生在轴伸出部位和油标孔，原因是密封不良或加油过量。通常采取下列防范措施：

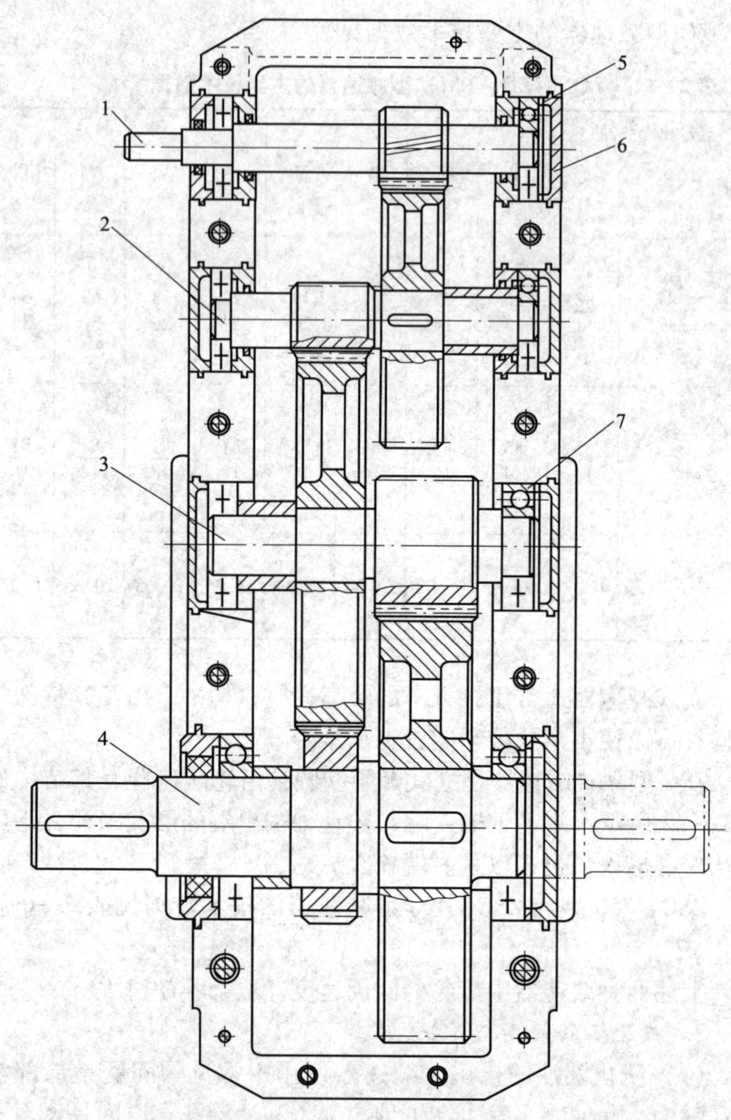

图 2—22　ZSC 型立式减速器的结构

1—主动轴　2—第一中间轴　3—第二中间轴　4—被动轴

5—调整垫　6—端盖　7—轴承

表 2—6 **ZSC—750 型减速器的技术数据**

型号	ZSC—750	
传动比 / 代号	$\frac{z_2}{z_1}\times\frac{z_4}{z_3}\times\frac{z_6}{z_5}$	传动比 i
Ⅰ	$\frac{83}{16}\times\frac{85}{15}\times\frac{85}{15}$	166.58
Ⅱ	$\frac{83}{16}\times\frac{82}{18}\times\frac{85}{15}$	133.91
Ⅲ	$\frac{83}{16}\times\frac{65}{35}\times\frac{85}{15}$	54.59
Ⅳ	$\frac{83}{16}\times\frac{54}{46}\times\frac{85}{15}$	34.51
Ⅴ	$\frac{83}{16}\times\frac{57}{43}\times\frac{85}{15}$	38.97

表 2—7 **ZSC—400 型减速器的技术数据**

型号	ZSC—400	
传动比 / 代号	$\frac{z_2}{z_1}\times\frac{z_4}{z_3}\times\frac{z_6}{z_5}$	传动比 i
Ⅰ	$\frac{42}{18}\times\frac{56}{14}\times\frac{48}{20}$	22.4
Ⅱ	$\frac{40}{20}\times\frac{54}{16}\times\frac{48}{20}$	16.2
Ⅲ	$\frac{47}{13}\times\frac{56}{14}\times\frac{49}{19}$	37.30
Ⅳ	$\frac{48}{12}\times\frac{58}{12}\times\frac{49}{19}$	49.86

1）监测油温。可以用手触摸减速器外壳，一般不要超过65℃，发现油温升高应适当延长天车的间歇时间，降低其工作的繁忙程度。

2）可在减速器下箱体结合面铣出回油槽，减少油的外泄，以免污染其他零部件。

3）油标孔漏油主要是探针过细，换一个适当粗细的探针即可。

4）渗油则可能是由于减速器箱体的金属组织疏松，或者密封件使用不当，也可能是密封件质量方面的问题，若渗油严重应进行相关部件的更换。

（2）减速器维护工作的内容。减速器的维护是一项细致而必须经常坚持的工作，平时要做好以下工作：

1）仔细听，减速器正常工作时声音均匀、轻快，不得有噪声和撞击声。

2）多看，地脚螺栓不得有松动。

3）勤换，新减速器每季度换一次油，使用一年后每半年换一次油。

4）换油时要注意齿轮的磨损情况，一般要求是：起升机构齿轮的磨损量不许超过原齿厚的15%，运行机构的齿轮不许超过25%，齿面剥落的坑沟深度超过原齿厚的10%即应酌情修复和更换。

5）保持通气孔畅通。

6）当齿面和输出及输入轴有裂纹时，应立即更换。

二、联轴器

联轴器是天车上连接电动机、减速器及传动轴的重要部件。联轴器有多种形式，大体上分为刚性联轴器和补偿性联轴器两大类。刚性联轴器由于对两轴的同轴度要求较高，工作条件要求平稳、无冲击，并且不能满足在较高转速条件下的使用，拆装困难，所以现在已经淘汰。

1. 联轴器的分类

天车上常用的是补偿性联轴器，有以下几种：

（1）CL 型全齿联轴器。CL 型全齿联轴器也叫双齿联轴器，它由两组内齿圈、外齿套、密封环等零件组成，两个内齿圈用螺栓连接在一起，如图 2—23 所示。

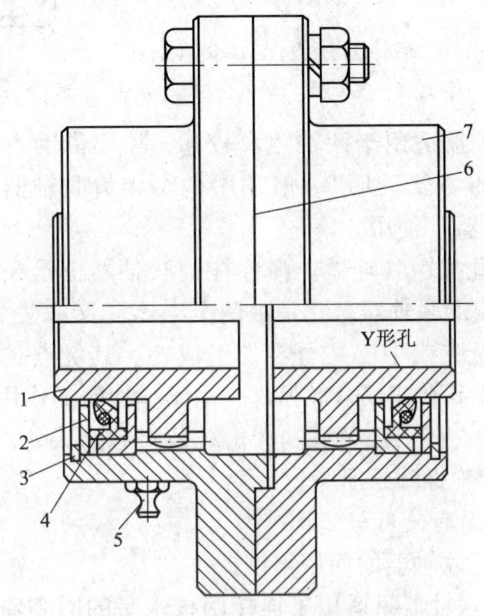

图 2—23　CL 型全齿联轴器

1—外齿轴套　2—挡环　3—胀圈　4—密封环　5—油杯　6—纸垫　7—内齿圈

这种联轴器的优点是外形尺寸相同，传递最大转矩时对安装精度要求不高，工作可靠。缺点是质量大，制造成本高。

（2）CLZ 型半齿联轴器。CLZ 型半齿联轴器也叫单齿联轴器，它由内齿圈、外齿轴套、轴接手、密封环等零部件组成，如图 2—24 所示。

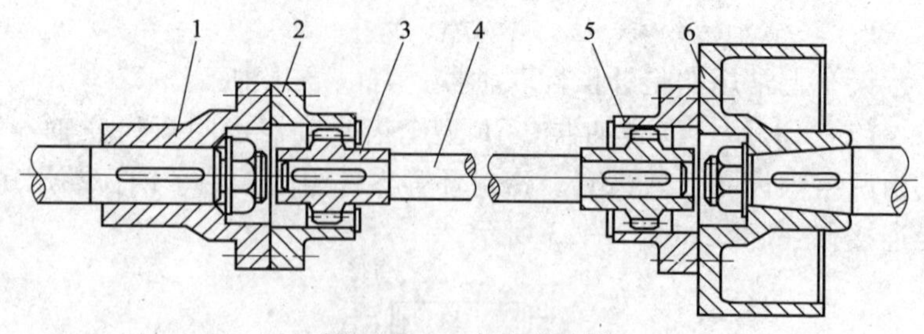

图 2—24　半齿联轴器

1—轴接手　2，5—内齿圈　3—外齿轴套　4—补偿轴　6—制动轮

半齿联轴器适用于两轴距离较远，需要借助中间轴（补偿轴）来连接的场合。所以一般均由两个半齿联轴器组合在一起（即补偿联轴器）使用。

（3）弹性柱销联轴器。弹性柱销联轴器也是在天车上使用较早、较普遍的联轴器。它是由两个半体（又称法兰盘）、柱销及弹性圈（橡胶或牛皮）等零件组成的。其优点是传递转矩范围大，适用于高转速场合。另外，由于弹性圈的作用，除能补偿两轴的各种偏差外，还可缓和冲击载荷引起的振动，噪声小，不需要润滑，但弹性圈易损坏。

2．联轴器的使用与维护

（1）齿轮联轴器的使用与维护

1）齿轮联轴器只适用于连接两根水平的同心轴。它是以外齿轴套的弧形齿顶以及内、外齿间存在的啮合间隙来调整两轴间的位移偏差的。齿轮联轴器径向位移偏差见表 2—8。

表 2—8　　齿轮联轴器径向位移偏差

序号	1	2	3	4	5	6	7	8	9	10
模数（mm）	2.5	2.5	3	3	3	4	4	4	6	6
齿数	30	38	40	48	56	62	46	56	48	56
位移（mm）	0.4	0.65	0.8	1.0	1.25	1.35	1.6	1.8	1.9	2.1

续表

序号	11	12	13	14	15	16	17	18	19	—
模数（mm）	8	8	10	10	10	12	12	12	12	—
齿数	48	54	48	54	58	56	64	72	80	—
位移（mm）	2.4	3.0	3.2	3.5	3.8	4.6	5.4	6.1	6.3	—

2）在齿轮联轴器中，内孔与轴之间不允许有松动现象，也不允许在两者之间加入垫片作为紧固措施。

3）适用于齿轮联轴器的轴的转速范围为 300 ~ 3 780 r/min。

4）轴径的允许范围为 18 ~ 560 mm。

5）齿轮联轴器应保证有充分的润滑。正常情况下每六个月换一次油，每月检查两次耗油情况，并不允许有漏油现象。

6）齿轮联轴器经常出现的故障

①齿部过快地磨损。导致齿部过快磨损的原因主要有：润滑不好；主动轴与被动轴之间的角位移偏差和径向位移偏差过大；减速器地脚螺栓松动，以及车体支撑减速器部位的刚度不足，使减速器在工作中发生颤动，造成联轴器的摆动过大。

②齿部脱落。原因是由于齿部受到了强大的冲击载荷作用，或齿部热处理不符合技术要求，或者是钢的材质不符合要求。

（2）弹性柱销联轴器的使用与维护

1）弹性柱销联轴器多用于轴的正、反转经常变化，启动频繁和转速较高的情况，低速轴不宜使用这种联轴器。

2）弹性柱销联轴器适宜的工作温度为 −20 ~ 50℃，其工作环境应无油脂或对橡胶无害。

3）弹性柱销联轴器至少每 30 天检查一次。检查时，要注意活动连接件的磨损情况（如内齿、外齿、凸缘、凹槽、键、弹性圈和柱销等）；两轴间的相互位置；是否漏油；配合间隙是否超差。

4）弹性柱销联轴器经常出现的故障是橡胶圈或牛皮垫及柱销被挤坏。如果柱销逐渐松动，应将半体回转一个角度重新铰孔并更换标准新柱销，不允许把原柱销孔扩大后配换大直径柱销。

三、制动器

在天车的各个机构中，制动器是绝对不可缺少的部件。只有可靠的制动器，各机构的准确性和安全性才有保障。能否正确地调整和使用制动器，是确保天车安全运行和具有较长使用寿命的重要因素。

1．对制动器的要求

（1）能产生足够的制动力矩。

（2）松闸和合闸要迅速而平稳，动作准确、可靠。

（3）结构紧凑，体积小。

（4）摩擦零件要有良好的耐磨性和耐热性。

（5）调整和维修方便。

2．制动器的种类

制动器的种类很多，天车上使用的制动器按构造特征分类，主要分为块式制动器、带式制动器和盘式制动器等。使用较多的是块式制动器。块式制动器主要由制动轮、制动瓦块、制动臂、制动弹簧和松闸器等组成，如图 2—25 所示。

a)　　b)

图 2—25　块式制动器

a）短行程交流电磁铁瓦块式制动器　b）长行程交流电磁铁瓦块式制动器

（1）短行程交流电磁铁瓦块式制动器。它是由左、右制动臂，主弹簧，辅助弹簧和电磁铁等零件组成的，如图 2—26 所示。

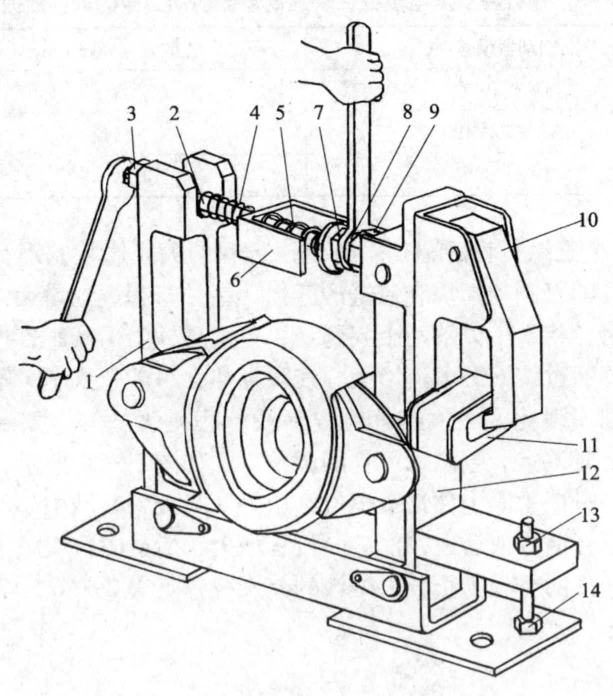

图 2—26　短行程交流电磁铁瓦块式制动器

1—左制动臂　2—中心丝杆　3，8，13—锁紧螺母　4—辅助弹簧　5—主弹簧　6—框形拉板　7—调整螺母　9—张臂螺母　10—衔铁　11—磁扼　12—右制动臂　14—调整螺钉

1）主弹簧工作长度的调整。主弹簧是用来产生制动力矩的，它的长度合适才能产生足够的制动力矩。调整方法是：首先用一只扳手拧住中心丝杆的四方头，用另一只扳手转动主弹簧的调整螺母。弹簧伸长，制动力减小；弹簧缩短，制动力增大。把

主弹簧调整至适当长度后，固定好锁紧螺母即可。短行程交流电磁铁瓦块式制动器制动力矩的调整数据见表 2—9。

表 2—9　短行程交流电磁铁瓦块式制动器制动力矩的调整数据

制动器型号	最小力矩（kg·m）
JWZ—100	52
JWZ—200/100	138
JWZ—200	115

2）电磁铁行程的调整。电磁铁行程的大小影响制动瓦块的张开量。随着制动瓦块和铰链的磨损，衔铁行程逐渐增大，当行程过大时，将产生以下两个问题：一是电磁铁吸力减小，松不开闸；二是通过线圈的电流增大，线圈发热，可能造成小车不动或烧坏线圈。因此，必须经常检查衔铁行程是否适当，如果不适当，应及时调整。电磁铁行程的调整方法如图 2—27 所示。调整时先用一只扳手固定住锁紧螺母，用另一只扳手转动中心丝杆方头，使丝杆前进或后退，前进时行程增大，后退时行程减小，直至获得允许的行程为止。电磁铁的允许行程见表 2—10。

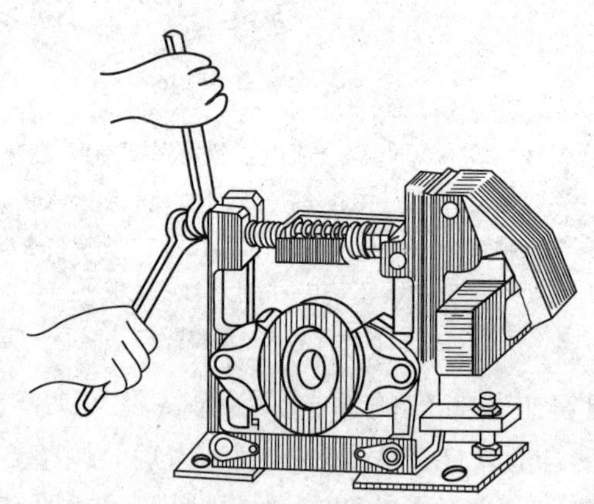

图 2—27　电磁铁行程的调整方法

表 2—10　　电磁铁的允许行程　　mm

电磁铁型号	MZD1—100	MZD1—200	MZD1—300
电磁铁允许行程	3	3.8	4.4

3）制动瓦块与制动轮间隙的调整。先将衔铁推在铁心上，制动瓦块便随即松开，然后调整螺栓，使短行程制动器制动瓦块与制动轮间的间隙控制在表 2—11 所规定的数值范围内。制动瓦块与制动轮间隙的调整方法如图 2—28 所示。

表 2—11　短行程制动器制动瓦块与制动轮间的允许间隙　　mm

制动轮直径	100	200/100	200	300/200	300
允许间隙	0.6	0.6	0.8	1	1

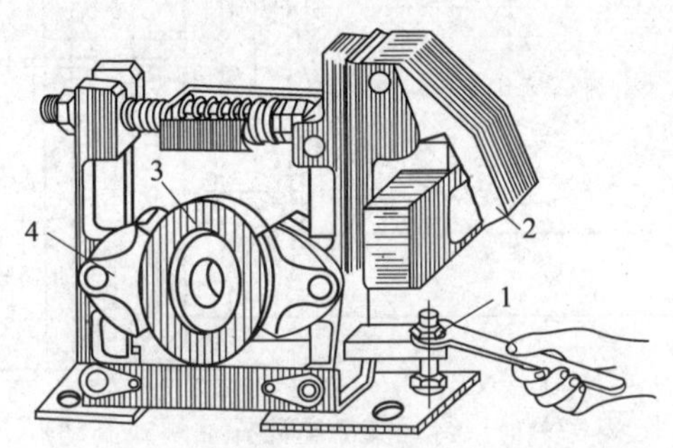

图 2—28　制动瓦块与制动轮间隙的调整方法
1—螺栓　2—衔铁　3—制动轮　4—制动瓦块

短行程制动器的优点是结构简单、铰链少、体积小、质量轻、空程小、松闸与合闸动作迅速。但由于合闸时动作迅速而有冲击，所以声响较大，并容易引起各连接处螺栓松动，甚至出现失灵现象。另外，由于电磁铁尺寸的限制，制动力矩较小。制动轮直径一般限制在 100 ~ 300 mm 范围内。天车的运行机构多采用这种类型的制动器。

（2）长行程交流电磁铁瓦块式制动器。长行程制动器与短行程制动器在结构上区别很大，其结构如图 2—29 所示。它除了主弹簧产生制动力矩外，在切断电源时，由于衔铁推杆 17、水平杠杆 18 和垂直拉杆 13 共同重力的作用，也使三角形杠杆 10 顺时针转动，通过斜拉杆 8 使左制动臂 1 和右制动臂 12 同时压向制动轮，又产生一部分制动力矩。

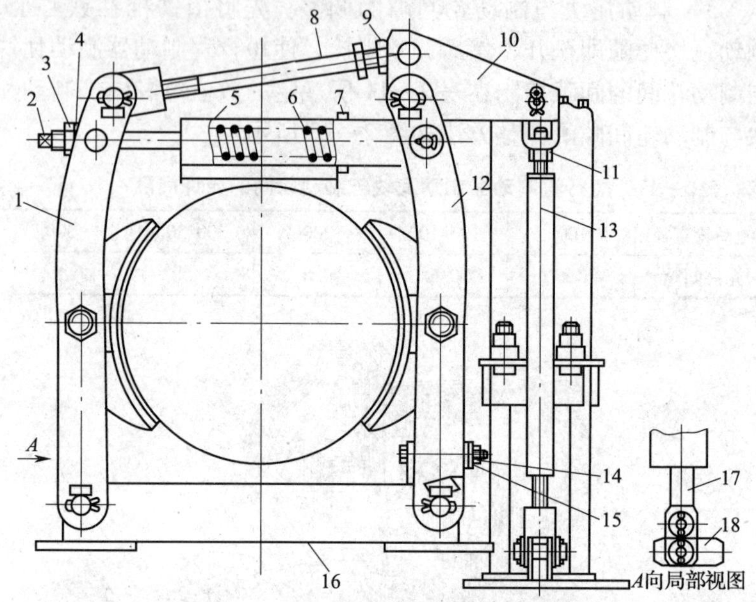

图 2—29　长行程交流电磁铁瓦块式制动器

1—左制动臂　2—中心拉杆　3，9，11—锁紧螺母　4，14—调整螺母　5—弹簧架　6—主弹簧　7—弹簧座　8—斜拉杆　10—三角形杠杆　12—右制动臂　13—垂直拉杆　15—压板　16—底座　17—衔铁推杆　18—水平杠杆

1）主弹簧长度的调整。长行程制动器的调整方法如图 2—30 所示。首先转动锁紧螺母 7 来调整主弹簧 6 的长度，然后再用螺母锁紧。

2）制动瓦块与制动轮间隙的调整。首先抬起螺杆 1，制动瓦块就会自动松开，然后调整螺杆 5 和螺栓 9，使长行程制动器制动瓦块与制动轮间的间隙控制在表 2—12 所规定的数值范围内，并使两侧间隙相等。

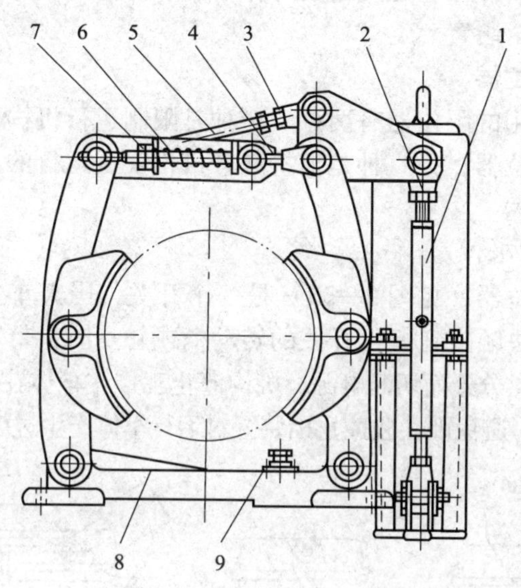

图 2—30　长行程制动器的调整方法

1，5—螺杆　2，3—螺母　4—拉杆　6—主弹簧　7—锁紧螺母　8—底架　9—螺栓

表 2—12　长行程制动器制动瓦块与制动轮间的允许间隙　　mm

制动轮直径	200	300	400	500	600
间隙	0.7	0.7	0.8	0.8	0.8

3）电磁铁行程的调整。拧开螺母 2 和 3，转动螺杆 1 和 5，制动瓦块在磨损前，衔铁应有 25 ~ 30 mm 的行程。

模块四　限位器、缓冲器、车轮与轨道

限位器是用来限制行程和起升位置的开关。当天车与轨道端头或天车之间相互碰撞时起缓冲作用的部件称为缓冲器。它们都是天车的安全装置。

一、限位器

天车使用的限位器有两种，一种是限制运行机构运行极限位置的行程限位器；另一种是保护起升机构安全运行的上升和下降位置的限位器。

1. 行程限位器

行程限位器（见图 2—31）是一个开关，当天车上设置的安全顶杆或撞块触碰到行程开关的转动柄或触点时，带动限位开关内的闭合触点分开而切断电源，机构停止工作，车体在允许的制动距离内停车，避免硬性碰撞止挡装置对运行车体产生过度的冲击。

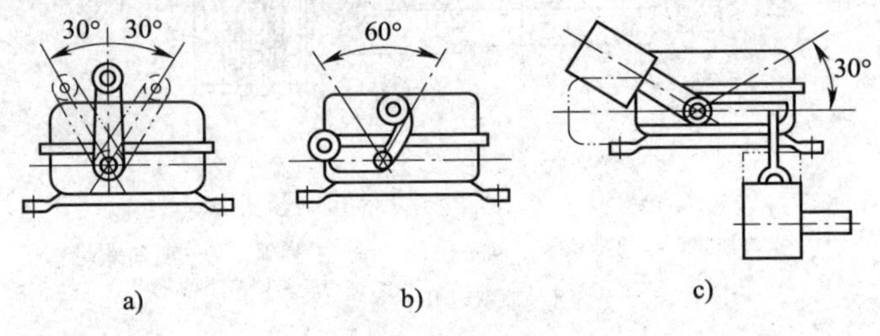

图 2—31　行程限位器

a）LX4—11，LX4—12 型　b）LX4—21，LX4—22 型

c）LX4—31，LX4—32 型

LX4 系列限位开关根据动作臂的结构决定其用途，LX4—11 和 LX4—12 型适用于惰性行程不大的运行机构；LX4—21 和 LX4—22 型适用于惰性行程较大的运行机构；LX4—31 和 LX4—32 型适用于起升机构。

2. 上升和下降极限位置限位器

上升极限位置限位器的作用是限制取物装置的上升高度，防止吊钩继续上升，因拉断钢丝绳而发生坠落事故。下降极限位置限位器用于确保取物装置下降到极限位置后，能自动切断电源，以保证在卷筒上缠绕的钢丝绳不少于两圈以上。吊运炽热金属或易燃、易爆等危险品的天车一般都设有两套上升极限位置限位器，以确保取物装置能在双重保护下断电停车。

上升极限位置限位器主要有重锤式限位器和螺杆式限位器两种。

（1）重锤式限位器。重锤式限位器由 LX4—31 型或LX4—32 型限位开关和重锤组成，如图 2—32 所示。

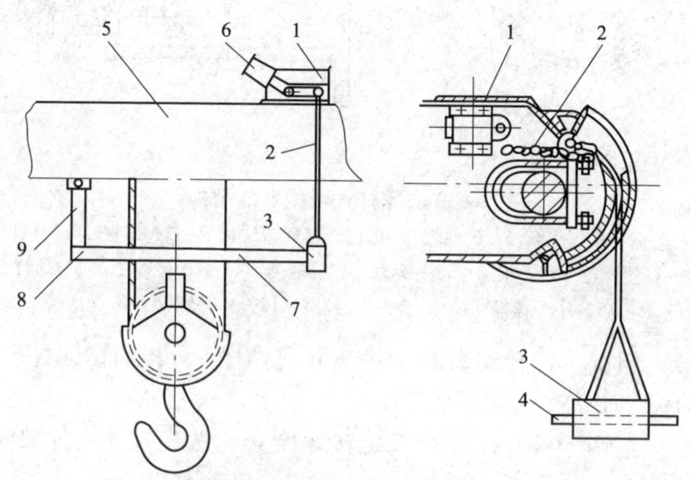

图 2—32 重锤式限位器

1—开关 2—拉绳 3—重锤 4—挡板 5—小车架
6—偏心重锤 7—碰杆 8—铰轴 9—竖杆

当重锤自由下垂时，限位开关处于闭合状态，接通电源；当取物装置上升托起重锤时，则限位开关常闭触点分断而切断电源，机构停止运转；如欲下降，控制手柄回零重新启动即可。

（2）螺杆式限位器。螺杆式限位器的结构如图 2—33 所示。组装时，限位器的一端与卷筒相连。工作时，卷筒轴带动螺杆，使螺母沿螺杆移动，当移动到极限位置时，撞开限位开关，起到限制天车过卷扬的作用。

调整螺杆式限位器时，可以打开有机玻璃的弧形盖，按下列方法进行调整：

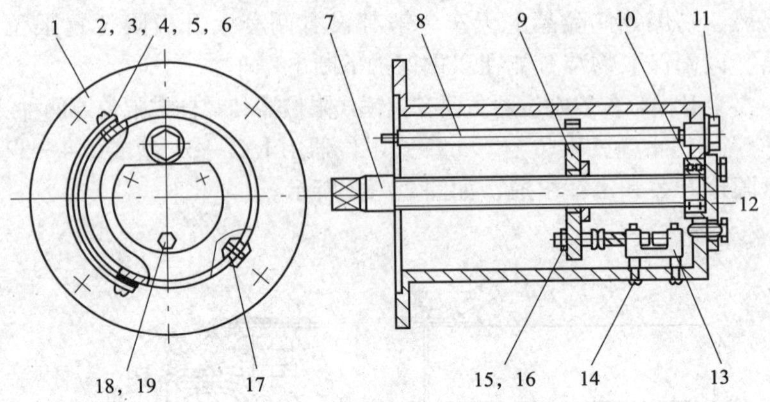

图 2—33　螺杆式限位器的结构

1—壳体　2，3，4，5，6—螺钉、压板、弧形盖、衬垫　7—螺杆　8—导杆　9—移动螺母　10—轴承　11—螺塞　12—端盖　13—限位开关　14—螺钉　15，16—螺母、螺栓　17—橡胶圈　18，19—螺栓、螺母

1）粗调。拧开螺塞 11，抽出固定导杆 8，转动移动螺母 9，使其移动到所需要的位置。

2）细调。松开螺母 15，旋转螺栓 16，改变螺栓头的轴向位置即可。

另外，还有一种可以双向限位的螺杆式限位器。它不仅可以限制过卷扬，还可以限制钩头落地，以免钢丝绳在卷筒上绞乱，其结构如图 2—34 所示。实际上它由上、下两个限位开关组成，其优点是准确、可靠，质量也较轻。

二、缓冲器

用来缓冲天车车体同终端的止挡体或车体与车体之间碰撞所产生的冲击力的部件叫做缓冲器。

1. 橡胶缓冲器

橡胶缓冲器如图 2—35 所示，其结构简单，因橡胶弹性变形量较小，缓冲量不大。所以，一般只用于车体运行速度不超过 50 m/min 的场合，并且环境温度限制在 －30 ~50℃的范围内。

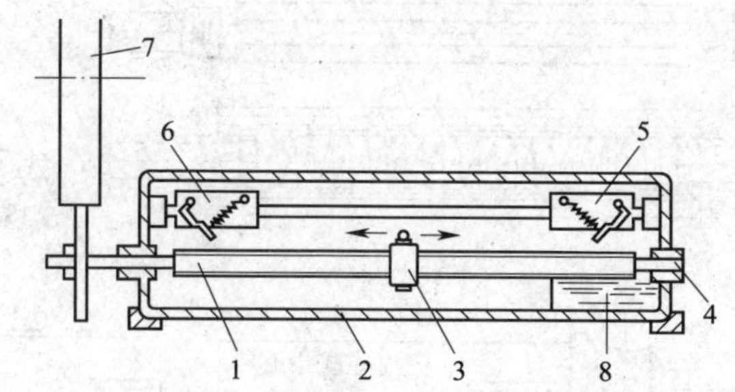

图 2—34　双向限位的螺杆式限位器的结构

1—螺杆　2—壳体　3—撞头　4—油封　5—上过卷扬限位开关
6—下过卷扬限位开关　7—卷筒齿轮　8—油

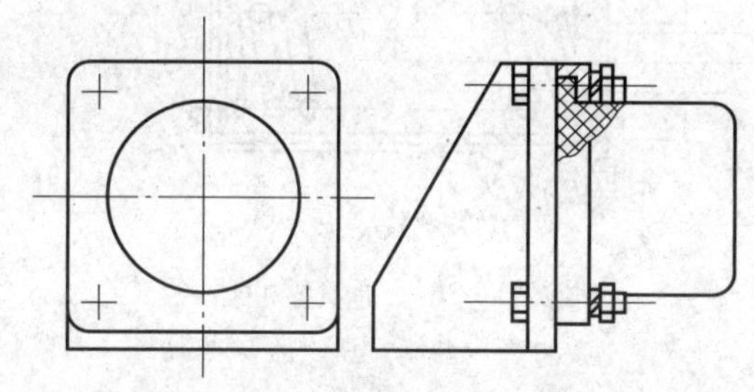
图 2—35　橡胶缓冲器

2. 弹簧缓冲器

弹簧缓冲器主要由碰头、弹簧和壳体等组成，如图 2—36 所示。其优点是结构简单，维修方便，工作性能不受环境温度的影响，缓冲能力比橡胶缓冲器大。但是反弹力也同样很大。这种缓冲器主要应用在运行速度为 50 ~ 120 m/min 的天车上。

3. 液压缓冲器

液压缓冲器主要由弹簧、液压缸、活塞、撞头和心棒等组成，如图 2—37 所示。其优点是基本能维持恒定的缓冲力，平稳、可靠，缓冲距离能减少 1/2，适用于运行速度大于 120 m/min 的天车。缺点是构造复杂，易受温度影响。

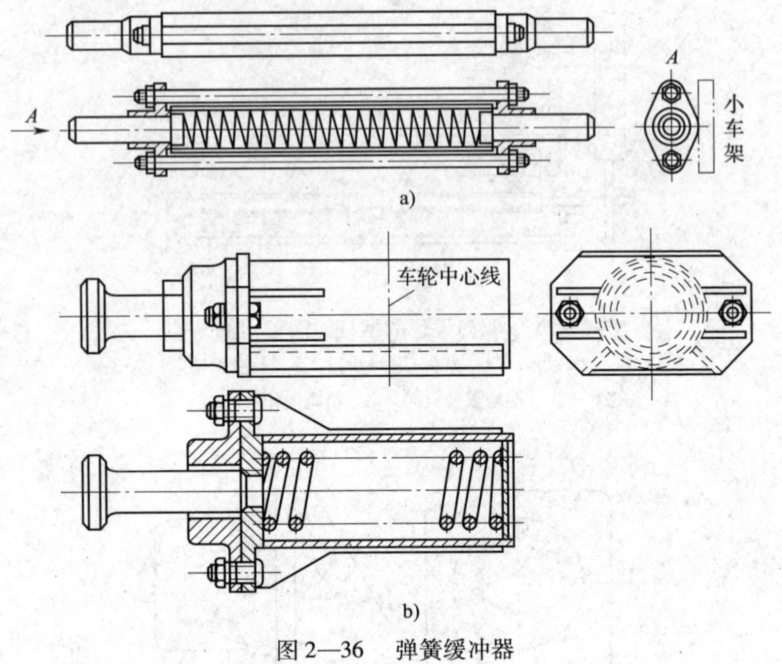

图 2—36　弹簧缓冲器

a）小车缓冲器　b）大车缓冲器

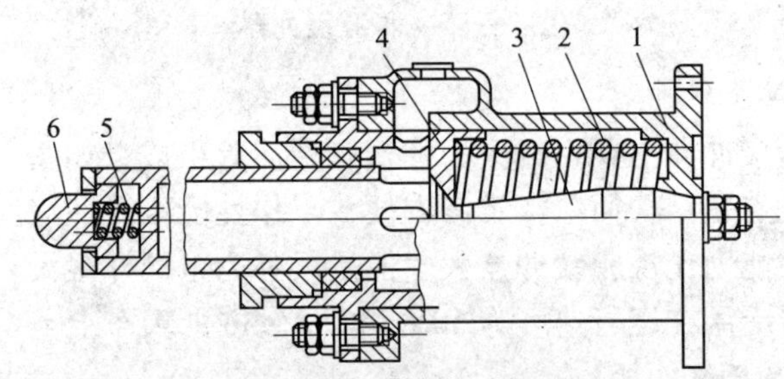

图 2—37　液压缓冲器

1—液压缸　2，5—弹簧　3—心棒　4—活塞　6—撞头

工作时，当天车碰撞液压缓冲器后，推动撞头、活塞及弹簧移动。弹簧被压缩，吸收了极小的一部分能量。而活塞移动时压缩了液压缸筒内的液体，受到压力的液体由液压缸筒流经顶杆与

活塞底部的环形间隙进入储油腔，在此处把吸收的撞击能量转化为热能，起到了缓冲作用，使天车柔和地在最短的距离内停住。当天车反向运行时，缓冲器与止挡体逐渐脱离，缓冲器液压缸筒内的弹簧又使活塞回到原来的位置。此时储油腔中的液体回到液压缸筒内，撞头也被弹簧顶回原来的位置。

三、车轮与轨道

1. 车轮

车轮是用来支撑整台天车质量并使其行驶的装置。大吨位的天车都采用四个以上的车轮支撑，以减小单个车轮的轮压。

（1）车轮的种类及其应用。车轮按轮缘数目不同，可分为双轮缘、单轮缘和无轮缘三种，其形式如图 2—38 所示。

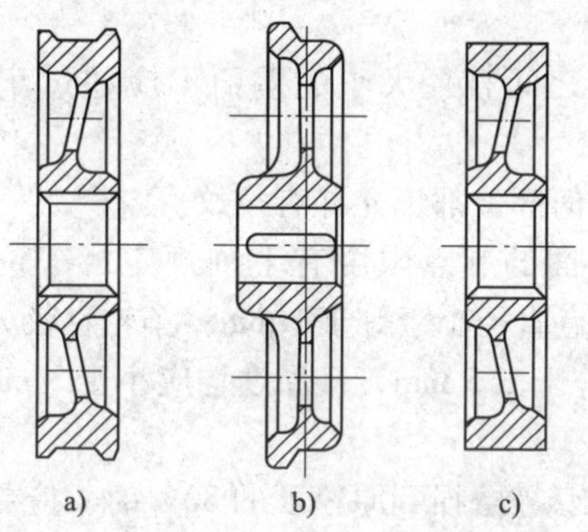

图 2—38　车轮的形式

a）双轮缘　b）单轮缘　c）无轮缘

轮缘的作用是防止脱轨并进行导向。一般大车车轮采用双轮缘，小车轮缘采用单轮缘。轮缘通常在轨道外侧，这样有利于调整车轮运行时产生的歪斜，并且当主梁产生水平侧弯时车轮不会发生夹轨现象。

在采用无轮缘车轮时，要有水平轮进行导向，以防止车轮脱轨。

车轮按踏面形状不同，可分为圆柱形、圆锥形和鼓形三种。

运行机构采用集中驱动方式时，大车主动轮踏面采用圆锥形，从动轮踏面采用圆柱形。当大车车轮超过两个或分别驱动时，大车的主动轮与从动轮踏面都采用圆柱形。

小车车轮踏面都采用圆柱形。

（2）车轮的维护。在车轮的日常维护中，要经常注意以下问题：

1）车轮踏面的磨损不允许超过轮圈原厚度的25%；如超过，应修补和更换。

2）车轮轮缘的磨损不允许超过原厚度的60%；如超过，应修补和更换。

3）主动轮之间直径大小的差值不应超过车轮公称直径的1/1 000。

4）车轮任何部位都不允许有裂纹。

5）车轮踏面的麻点限度有下列规定：车轮直径小于等于500 mm时，麻点直径小于等于1 mm；车轮直径大于500 mm时，麻点直径小于等于1. 5 mm，且深度均应小于3 mm，数目不多于5处。

6）车轮衬套被磨损到原厚度的80%时，应更换。

2．轨道

天车的轨道大部分采用铁路钢轨和方钢轨道。重型天车一般采用天车专用轨道，其中铁路钢轨和天车专用钢轨用于大车的运行轨道；方钢轨道只能用于小车的轨道，其抗弯矩较小，耐磨性也差，现在应用不多。无论哪种钢轨，都应符合车轮的要求。

天车轨道的固定均采取可拆卸的固定方式，以便于维修、调整和更换。常见的有螺栓固定和压板固定等方式，天车轨道的固定方法如图2—39所示。

图 2—39　天车轨道的固定方法

a）螺栓固定　b）压板固定

天车轨道的技术要求有以下几点：

（1）两条铁轨的轨距只允许偏差在 ±5 mm 以内。

（2）两根平行的铁轨，在跨度方向各个不同断面上，轨道的高低误差在柱子处不得超过 10 mm；在其他处不超过 15 mm。

（3）轨道的纵向倾斜度不超过 1∶1 500。

（4）直线度误差为 ±3 mm。

（5）轨道接头缝隙一般为 1 ~ 2 mm。

（6）接头处两轨道的横向位移或高低不平误差不得大于 1 mm。

第三单元 天车的主要电气设备

培训目标：

1. 掌握天车用电动机的基本结构和特性。

2. 掌握控制器、接触器、继电器、电阻器和保护箱的种类、结构及其主要技术性能。

3. 了解制动电磁铁的种类和工作原理。

模块一 电 动 机

天车上使用的电动机多数为三相绕线式异步交流电动机。这种电动机适用于断续周期性类型的工作。由于其转子是星形联结的三相绕组，而这种绕组具有较大的电阻和感抗，所以转子的启动电流小。并且这种电动机还能在转子电路中串联电阻（或频敏电阻器），不但可以把启动电流限制在允许的范围内，还可以产生较大的启动转矩。

三相笼型转子异步交流电动机只限用于中、小容量，启动次数不多，没有调速要求，对启动平滑性要求不高及操纵简单的天车。

一、电动机的结构

电动机的外形如图 3—1 所示。它主要由机座、定子和转子等组成，三相笼型异步电动机的结构如图 3—2 所示。

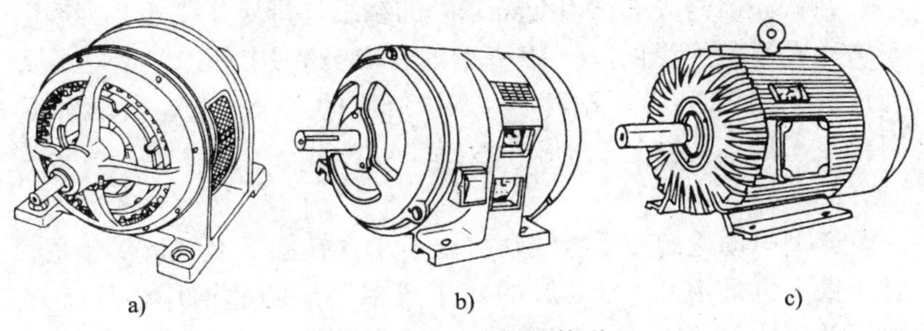

图 3—1　电动机的外形

a）开启式（IP11）　b）防护式（IP22）　c）封闭式（IP44）

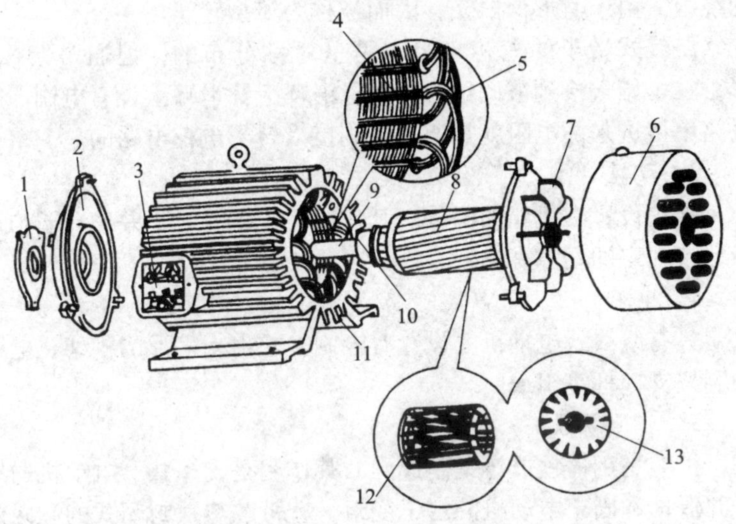

图 3—2　三相笼型异步电动机的结构

1—轴承盖　2—端盖　3—接线盒　4—定子铁心　5—定子绕组　6—罩壳　7—风扇　8—转子　9—转轴　10—轴承　11—机座　12—笼型绕组　13—转子铁心

1. 定子

定子用于产生旋转磁场，它由机座、定子绕组和定子铁心等零部件组成，是电动机静止不动的部分。机座由铸铁铸造而成。机座内镶有用 0.5 mm 厚的经冲压成型的硅钢片叠成的筒形铁心。在铁心槽内嵌有三相互隔120°的绕组（即定子绕组）。绕组与铁心是彼此绝缘的。三相绕组的首端分别用A，B，C表示，对应的末端用X，Y，Z表示。三个绕组的六个接线端根据需要可接成星形（Y）或三角形（△）。

2. 转子

笼型电动机的转子由转轴、转子（含铁心）及风叶等组成。转子铁心也是由0.5 mm厚的冲压成多槽形的硅钢片叠制而成的，并压装在转轴上。在铁心的每一个线槽内都放置一个根条，这些铜条通过两端面放置的两个铜圆环焊接在一起，这就是转子的绕组。由于其形似鼠笼，因而被称为笼型转子。

绕线式转子的三相绕组也是呈对称分布的，但通常接成Y形。三个始端接到彼此绝缘的集电滑环上。滑环上设有电刷。外电路串接进来的电阻就是通过电刷接入转子电枢电路的。

3. 端盖

端盖设置在机座的两端。其作用是支撑转子，并使转子与定子保持一定的间隙。

4. 电刷

只有绕线式电动机才设置有电刷。它由人字形的刷架、电刷和刷架支撑杆等组成。

5. 其他装置

机座是用铸铁或铸钢制成的，其作用是支撑整个电动机的质量并保护和固定电动机的定子绕组，有带散热片封闭式的和两侧通风孔开启式的两种。风叶是起通风冷却作用的，它被固定在转轴上随同转轴一起旋转。吊环是供吊运电动机时使用的，安置在机座的上方。

二、电动机的铭牌

电动机的机座上装有一块铭牌，它标出了电动机的主要结构和性能参数。要正确地选择和使用异步电动机，必须了解其铭牌上的数据。某三相异步电动机的铭牌见表3—1。

表 3—1　　　　　三相异步电动机的铭牌

<table>
<tr><td colspan="4">三相异步电动机</td></tr>
<tr><td colspan="2">型号 Y112M—2</td><td colspan="2">编号××××</td></tr>
<tr><td colspan="2">4 kW</td><td colspan="2">8.2 A</td></tr>
<tr><td>380 V</td><td>2 800 r/min</td><td colspan="2">LW 79 dB（A）</td></tr>
<tr><td>接法△</td><td>防护等级 IP44</td><td>50 Hz</td><td>××kg</td></tr>
<tr><td>ZBK2007—88</td><td>工作制 S1</td><td>B 级绝缘</td><td>××年××月</td></tr>
<tr><td colspan="4">××电机厂</td></tr>
</table>

电动机铭牌上所标注项目的含义如下：

1. 型号

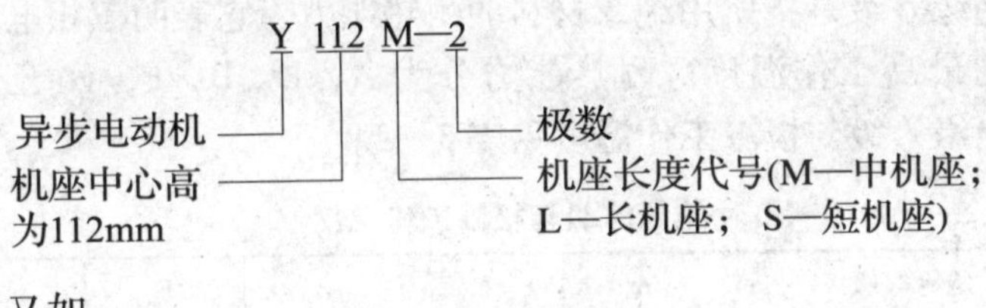

又如：

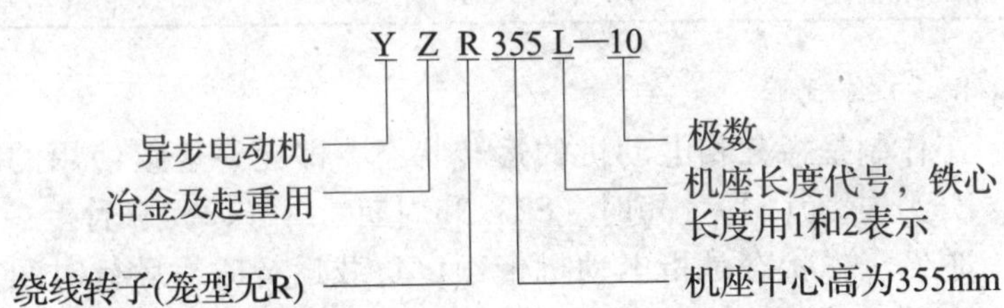

2. 额定功率（P_N = 4 kW）

额定功率是指在满载运行情况下电动机轴上输出的机械功率，用符号 P_N表示，单位为 kW。

3. 额定电压（U_N = 380 V）

额定电压是指接在电动机绕组上的线电压，用 U_N表示，单位为 V。一般要求电源电压值的变动不许超过额定电压的 ±5%。

4. 额定电流（I_N =8. 2 A）

额定电流是指三相电动机在额定电源电压、输出额定功率时，流入定子绕组的线电流，用I_N表示，单位为 A。

5. 额定转速（n_N =2 800 r/min）

额定转速是指电动机在额定工作情况下运行时的转速，用n_N表示，单位为 r/min。

6. 额定频率（f_N =50 Hz）

额定频率表示接入电动机的交流电源每秒钟内周期变化的次数，用f_N表示，单位为 Hz。我国规定标准电源频率（工频）为 50 Hz。

7. 绝缘等级

绝缘等级是指所用绝缘材料的耐热能力。它表明三相电动机允许的最高工作温度。耐热能力分为 A，E，B，F，H 五个等级，绝缘等级与极限工作温度见表 3—2。

表 3—2　　绝缘等级与极限工作温度

绝缘等级	A	E	B	F	H
极限工作温度（℃）	105	120	130	155	80

8. 工作制

工作制是指三相电动机的运转状态，即允许连续使用的时间，分为连续（S1）、短时（S2）和周期断续（S3）三种。

连续工作状态是指电动机带额定负载运行时，运行时间很长，电动机的温升可以达到稳态温升的工作方式。

短时工作状态是指电动机带额定负载运行时，运行时间很短，使电动机的温升达不到稳态温升；停机时间很长，使电动机的温升可以降到零的工作方式。短时工作制优先选用 15，30，60 和 90 min，如砂轮用电动机等。

周期断续工作状态是指电动机带额定负载运行时，运行时间很短，使电动机的温升达不到稳态温升；停机时间也很短，使电动机的温升降不到零，工作周期小于 10 min 的工作方式。天车上使用的电动机都是按这种工作方式设计和制造的。

9. 定子绕组接法

定子绕组接法表示电动机定子三相绕组的接线方法，以Y/△表示。Y表示星形联结，△表示三角形联结。定子绕组不能任意改变接法，否则会损坏电动机，定子绕组的接线方法如图 3—3 所示。右侧的接线图中 A，B，C 表示电动机定子接入电源的三根接线柱；$D_1 \sim D_6$表示电动机定子绕组采用星形联结和三角形联结时的六个接线柱。

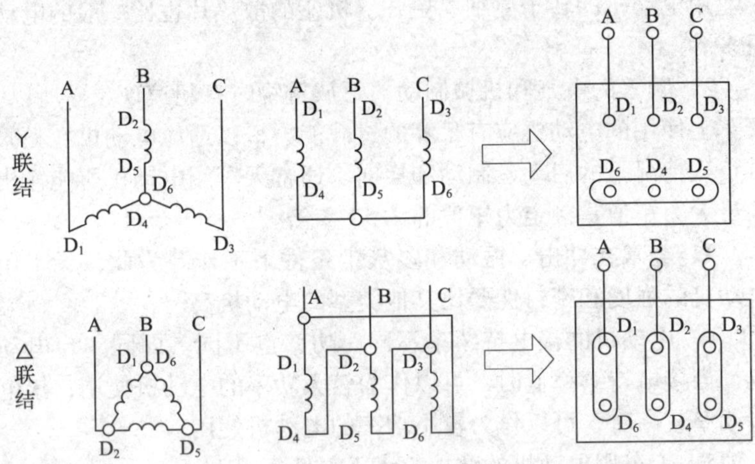

图 3—3　定子绕组的接线方法

10. 防护等级

防护等级是指电动机外壳的防护等级，由字母“IP”及两个数字组成。第一位数字表示第一类防护（防止固体异物进入电动机内部，以及防止人体触及电动机内部的带电或运动的部分）等级；第二位数字表示第二类防护（防止水进入电动机内部达到有害程度的防护）等级。数字越大，防护能力越强。天车用电动机为 IP44，其中第一个“4”表示电动机能防止直径大于 1 mm 的固体进入电动机内壳，第二个“4”表示能承受任何方向的溅水。

三、天车用电动机的基本要求

天车的工作特点决定了天车所用电动机的特点，天车用电动机应满足以下要求：

1. 周期性断续运行，频繁地启动和改变运动方向。为了提高电动机的输出功率和得到较短的启动时间，就必须减小电动机转子的转动惯量和平均启动电流，以降低电动机的启动损耗或者增加电动机的热容量和铁损。所以，天车上电动机的转子比一般工业用电动机的转子更细、更长。机座的散热片也比一般的电动机多。

2. 频繁的电气和机械制动，下放重物时有超速现象。所以，天车上使用的电动机应有足够的过载能力，以适应电动机在频繁带负载情况下的启动、制动和换向。通常天车用电动机所能输出的最大力矩值是额定力矩值的 2.5～3 倍。

3. 经常在冲击、振动和多灰尘条件下工作。为此，天车用电动机的强度和密封性要比其他类型的电动机高。

4. 电动机的接电持续率不同，功率也不同。即同一台电动机，当接电持续率低时，可以作为较大功率的电动机使用；接电持续率较高时，可以作为较小功率的电动机使用。

5. 天车用电动机的防护等级不得低于 IP44。

四、天车用电动机的机械特性

电动机的机械特性即电动机定子绕组接通电源后所产生的电磁转矩 T 与电动机转速之间的关系，通常用图形表示。把转速 n 代替转差率 s 作为纵坐标，把电磁转矩近似为输出转矩作为横坐标，画出曲线，这就是三相异步电动机的机械特性曲线，如图 3—4 所示。

图中的五条特性曲线相当于控制器手柄的五个级。每条曲线对应控制器手柄的一个挡位。由图中可以看出，电动机的机械特性是呈下降趋势的，即电动机的转速随着电动机转矩的增加而降低。曲线5是转子外接电阻全部切除后电动机的机械特性，称为电动机的固有（自然）特性曲线，曲线1，2，3，4分别为电动机转子外接电阻 R_4，R_3，R_2，R_1（$R_4 > R_3 > R_2 > R_1$）后的人为特性曲线。

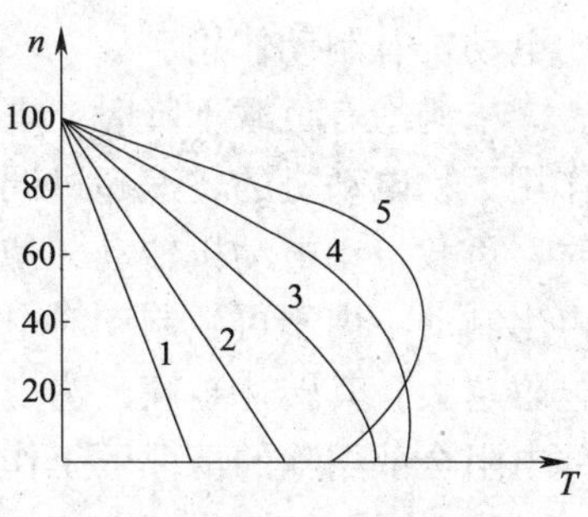

图3—4　电动机的机械特性曲线

在同一转矩条件下，电阻越大，转速越低；电阻越小，转速越高。即改变转子回路的电阻，就能改变绕线式转子异步电动机的转速。

操作天车时，应根据吊物的质量和电动机的机械特性，选择合理的操作方式，做到安全、高效两不误。

五、电动机的工作状态

天车用电动机常处于四种工作状态，即电动状态、再生制动状态、反接制动状态和单相制动状态。

1. 电动状态

电动状态就是电动机带负载运行的状态，包括天车上电动机带动大车或小车运行以及吊钩的上升，此时电动机的运行状态就属于电动状态。

电动机处于电动状态时，电动机转子的转速低于电动机的同步转速（即旋转磁场的转速）。负载对电动机来说起阻力矩作用，这时电动机把电能转换为机械能。

2. 再生制动状态

天车起升机构在吊有负载的状态下，若电动机断电时松开制动器，则负载只要克服摩擦力就会迅速自由坠落，电动机转速能达到同步转速的数倍，这是非常危险的。如果松开制动器，电动机按负载下降方向通电，则负载坠落的速度就会大大减慢，这说明电动机有制动作用。

吊钩吊有负载下降时，电动机反向启动，在它本身及负载的作用下，电动机的转速超过同步转速，电动机产生制动转矩。此时，负载带动电动机转动，使电动机处于发电机状态，因而称为再生制动。由于再生制动时电动机转速高于同步转速，转子电路电阻越大，其转速越高，为安全起见，再生制动时电动机应在外部电阻全部切除的情况下工作。

3. 反接制动状态

运行中的电动机转子的旋转方向与定子的旋转磁场方向相反，即旋转磁场所产生的电磁转矩阻碍负载的下落，电动机的这种运行状态就叫做反接制动状态。但起升机构与平移机构的反接制动状态是有区别的。

（1）起升机构的反接制动状态。例如，起重量为 15 t 的天车吊有 13 t 的负载起升到半空时，如果缓慢地把控制器手柄扳转到零位，这时就会看到负载上升的速度逐渐减慢；而当把控制器手柄扳转到上升第一挡时，负载没有上升反而拖着电动机下降（天车重载时，控制器手柄置于上升第一挡是不能提升的）。此时，电动机转矩方向与其转动方向相反，这就是起升机构的电动机的反接制动状态。

在具有主令控制器的起升机构中，广泛采用这种反接制动方式来实现重负载的短距离慢速下降。

（2）平移机构的反接制动状态。大车和小车的平移机构平稳运行时，若突然打反车，则电动机定子的相序改变，电动机的旋转磁场和电磁转矩方向也随之改变，由于惯性的作用，电动机转速还未改变，电动机转矩与转速方向相反，这就是电动机的另一种反接制动状态。

在电磁转矩和负载转矩作用下，电动机转速急剧下降，如为了停车，在转速等于零时，应立即将控制器手柄扳回零位，否则电动机将带动机构向右运转。

4. 单相制动状态

当使下降方向的通电的绕线异步电动机定子处于单相接电状态（即一相定子绕组断开），同时在转子电路中又串入适当的外接电阻（即控制器手柄处于单相制动位置）时，电动机再次被负载拖着往负载下降的同一方向旋转，此时电动机的转速又超过其自身应具有的转速，产生阻止负载下降的力矩，把这种运行状态称为电动机的单相制动状态。

天车主令控制器控制的起升机构采用单相制动工作挡位，用于轻载、短距离低速下降，与反接制动状态相比，不会发生轻载上升的现象。但在重载时会发生吊物迅速下降的坠落事故。

六、三相异步电动机的调速

天车在实际工作中要经常改变速度，即用人为的方法来改变电动机的转速。电动机调速的方法很多，经常使用的一种方法为改变转子回路电阻的方法。其优点是线路简单，有一定的调速范围。但不足之处是串接电阻中有电能损耗，且转速越低，电阻越大，转差率越大，机械特性越软；在空载或轻载的情况下几乎不能调速。绕线转子异步电动机的调速是通过凸轮控制器或接触器改变转子回路外接电阻的大小来实现的。

以大、小车运行机构的电动机为例，当外接电阻不同时，其机械特性如图 3—5 所示，这也是电动机的调速原理。

曲线 1，2，3，4 分别为转子回路接入 R_5，R_4，R_3，R_2时的机械特性曲线；曲线 5 为转子回路外接电阻全部切除，三相转子绕组短接后的机械特性曲线。假设负载转矩 T_L等于 0.5 倍的电动机额定转矩 T_N，即 $T_L=0.5\ T_N$。将凸轮控制器推向第一挡时，电动机的启动转矩 $T_{ST}=0.7\ T_N$，$T_{ST}>T_L$，即 $T_{ST}-T_L>0$，电动机启动，随着转速 n 的增加，电动机的转矩 T 逐渐减小。当转速为 n_1时，$T=T_L$。在第一挡，$T=T_L=0.5\ T_N$，电动机稳定运行在曲线 1 的 A 点，其转速为 n_1。

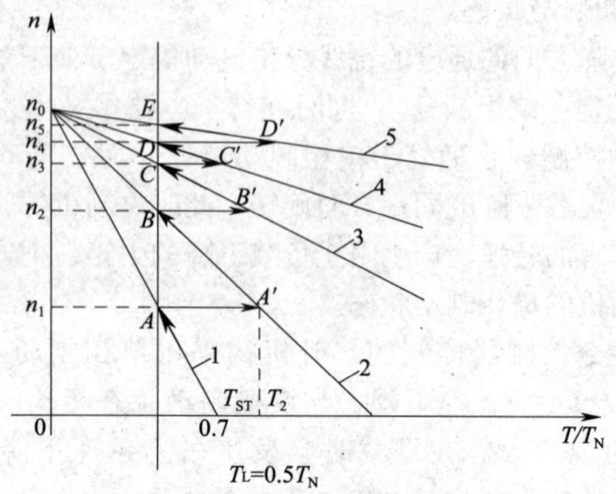

图 3—5　电动机的调速原理

将凸轮控制器手柄扳到第二挡时，其触点闭合，切除第一段电阻，由于电动机的转速不能跃变，从曲线 1 的 A 点过渡到曲线 2 的 A' 点，而在 A' 点电动机的转矩为 T_2，且 $T_2>T_L$，$T_2-T_L>0$，电动机转速上升。当转速为 n_2 时，$T=T_L$，电动机稳定运行在曲线 2 的 B 点。

将控制器手柄依次向三、四、五挡推进时，电动机转子回路的外接电阻逐段被切除，电动机的转速便逐挡增加。从图 3—5 中可以看出，$n_5>n_4>n_3>n_2>n_1$。

同理，将凸轮控制器从第五挡逐级推到第一挡时，相对应的电动机转速也会从 n_5 沿各挡相应曲线逐步减速到 A 点所对应的 n_1 稳定运转。

模块二　控　制　器

控制器是一种具有多种切换线路的控制电器。天车上使用的控制器通过其触点的通、断完成对电动机的启动、制动、停止、换向、调速以及线路联锁保护的控制，进而实现各机构的正确动作。

目前，天车上常用的控制器主要是凸轮控制器、主令控制器和联动控制台等。下面以凸轮控制器和主令控制器为例加以介绍。

一、凸轮控制器

凸轮控制器的特点是结构简单，外形尺寸小，工作可靠，维修方便，能直接控制中、小型天车的运行机构和小型天车的起升机构。

1. 凸轮控制器的结构

凸轮控制器由操纵机构、凸轮、触点系统和定位棘轮等组成，如图 3—6 所示为交流凸轮控制器的结构。

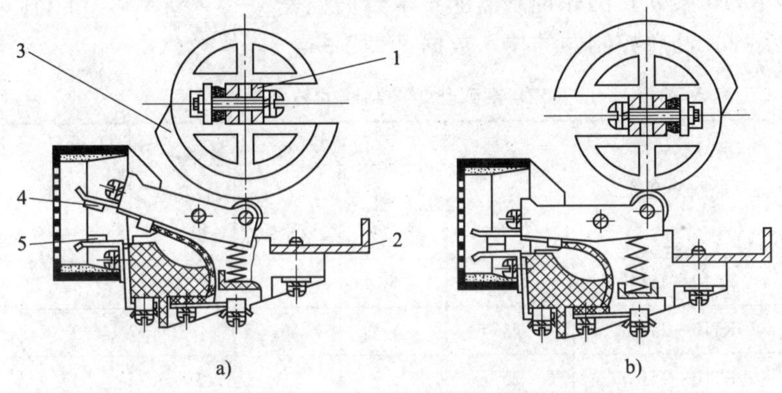

图 3—6　交流凸轮控制器的结构

a）触点断开时　b）触点闭合时

1—方轴　2—安装板　3—凸轮　4—动触点　5—静触点

2. 凸轮控制器的特点

（1）触点在开闭过程中不存在滑动现象，机械磨损小，同时也减少了由于电弧作用于触点上的电磨损。

（2）凸轮控制器的电路一般为可逆对称电路，平移机构正、反挡位数目相同，具有相同的速度，从第一挡至第五挡速度逐级增加；反之，速度逐级减小。下降时，电动机处于再生制动状态，电动机转子转速大于其定子磁场的旋转速度，与起升时相反，五挡速度最低。如需准确停车，只能靠点动操作来实现。若要在重载情况下慢速下降，应将控制器扳至上升第一挡，使电动机工作在反接制动状态。

3. 凸轮控制器的型号

目前，在天车上使用的老牌号凸轮控制器主要有 KT10，KT12，KT14 型，新牌号凸轮控制器有 KTJ15 和 KTJ16 型。老牌号凸轮控制器体积大而笨重，操作费力，安全可靠性差，通、断能力也差，一般每小时的操作次数不能超过 600 次。新牌号凸轮控制器则要好一些，各项技术指标都要好于老牌号。老牌号（KT10 系列）凸轮控制器的技术数据见表 3—3，新牌号（KTJ15 系列）凸轮控制器的技术数据见表 3—4。

表 3—3　　KT10 系列凸轮控制器的技术数据

控制器型号	额定电流（A）	位置数		控制电动机功率（kW）	触点数
		向前或上升	向后或下降		
KT10—25J/1	25	5	5	11	12
KT10—25J/3	25	1	1	5	9
KT10—25J/5	25	5	5	2×5	17
KT10—25J/7	25	1	1	5	7
KT10—60J/1	60	5	5	30	12
KT10—60J/3	60	1	1	16	9
KT10—60J/5	60	5	5	2×11	17
KT10—60J/7	60	1	1	16	7

注：1. KT10—25J/1，KT10—60J/1 控制一台绕线型异步电动机。

2. KT10—25J/3，KT10—60J/3 控制一台笼型异步电动机。

3. KT10—25J/5，KT10—60J/5 同时控制两台绕线型异步电动机。

4. KT10—25J/7，KT10—69J/7 控制一台绕线型异步电动机，转子回路中串接频敏变阻器。

表 3—4　　　　**KTJ15 系列凸轮控制器的技术数据**

控制器型号	额定电流（A）	位置数		控制电动机功率（kW）
		向前或上升	向后或下降	
KTJ15—32/1	32	5	5	15 及以下
KTJ15—32/2		5	5	
KTJ15—32/3		1	1	
KTJ15—32/5		5	5	
KTJ15—63/1	63	5	5	30 及以下
KTJ15—63/2		5	5	
KTJ15—63/3		1	1	
KTJ15—63/5		5	5	

注：1. 容量等级代号“32”和“63”分别表示凸轮控制器的额定工作电流为32 A和63 A。

2. 线路特征代号用1，2，3，4，5表示：1表示控制一台绕线型异步电动机；2表示控制两台绕线型异步电动机转子回路，而定子回路由接触器控制；3表示控制一台笼型异步电动机；4表示控制一台绕线型异步电动机，转子回路的两组电阻器并联；5表示控制两台绕线型转子异步电动机的转子回路，而定子回路由接触器控制。

凸轮控制器型号的含义如下：

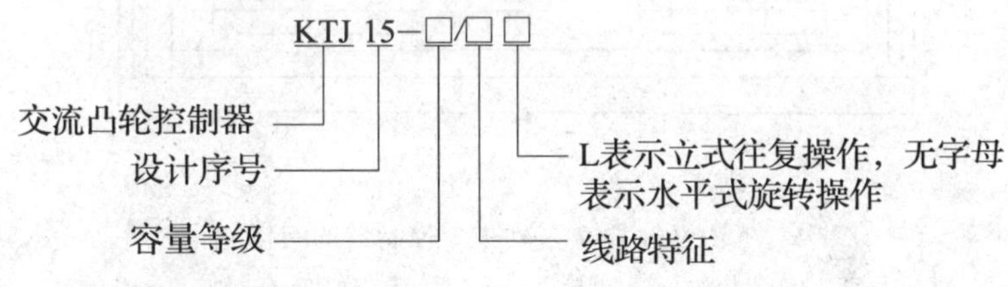

二、主令控制器

主令控制器是向控制电路发出指令并控制主电路工作的一种间接控制用电器。在天车上，它常与运行、起升、抓斗等控制屏（也叫磁力控制器或磁力盘）配合使用，组成一个完整的控制系统，控制天车电动机的启动、制动、换向和调速。一般用在电动机容量超过 45 kW 或起重量在 30 t 以上的天车上。

1. 主令控制器的结构

由于主令控制器是通过切换较小电流的控制电路（一般为 5 ~ 10 A）去控制主电路的，进而再切换主电路达到控制电动机的目的。所以外形尺寸较小，操作起来也轻便得多，CK1 系列主令控制器的结构如图 3—7 所示。

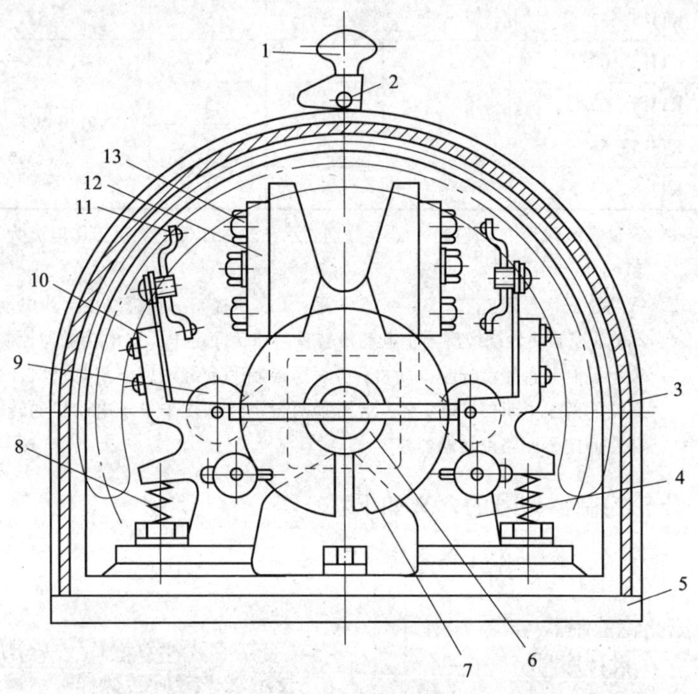

图 3—7　CK1 系列主令控制器的结构

1—手柄　2—定位块　3—外罩　4—支架　5—底座　6—轴　7—凸轮
8—弹簧　9—滚轮　10—杠杆　11—动触点　12—绝缘板　13—静触点

2. 主令控制器的特点

主令控制器使用元件较多，线路复杂，工作可靠，能实现多点多位控制。因此，对于电动机容量大，操作频率高，单位时间内接电次数多（每小时通、断次数在600次以上），工作繁重的大型天车来说，使用主令控制器就比较合适。尤其是抓斗机构的操作，需要更多的点动、调速性能，使用主令控制器就更加合适。

3．主令控制器的牌号

目前使用较多的主令控制器有LK14，LK15和LK16等系列。LK16系列主令控制器的技术数据见表3—5。

表3—5　　LK16系列主令控制器的技术数据

电压（V）		电流（A）	分断电流（A）	
			电感负载	电阻负载
交流	380	100	10	10
直流	110	15	2.5	5
直流	220	8	1	2
直流	440	4	0.5	1

主令控制器的型号及含义：

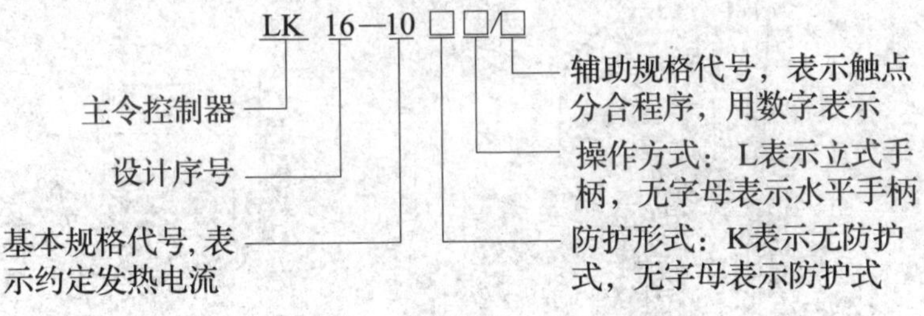

模块三　接　触　器

接触器是一种用来接通或切断主电路的用电器。通过接触器，可以用电流很小的控制电路来控制电流很大的主电路，是一种实现自动控制的重要电气元件。

在天车上，接触器用来控制电动机的启动、制动、加速和减速过程。同时还具有失压保护作用，即当电源电压过低时，磁力减小，衔铁下落，接触器触点脱开，自动切断主电路。

一、接触器的结构

天车上使用的主要是 CJ12 系列接触器，CJ12 系列交流接触器的结构如图 3—8 所示。

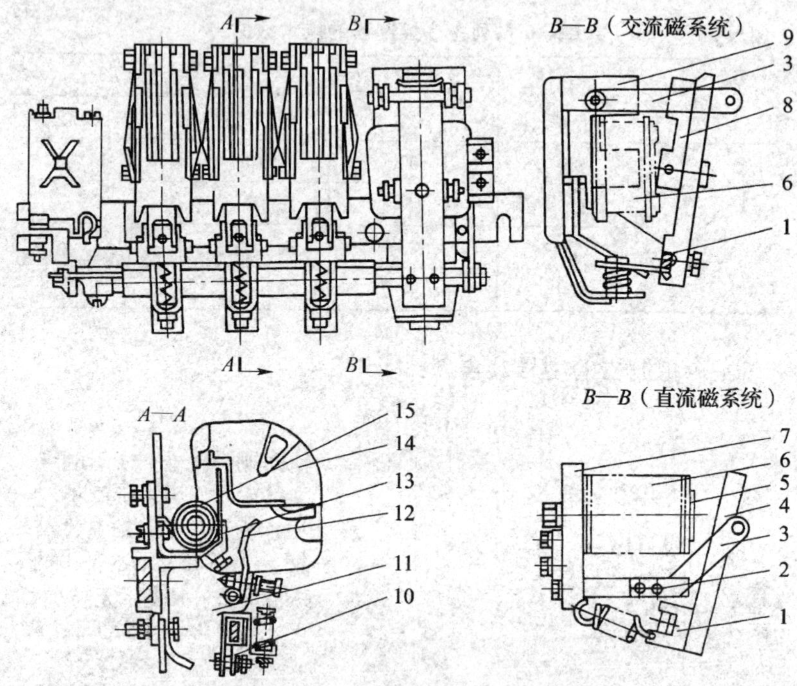

图 3—8　CJ12 系列交流接触器的结构

1—转轴　2—螺钉　3—停挡　4—衔铁　5—铁心　6—线圈　7—磁轭　8—动铁心　9—静铁心　10—触点弹簧　11—软联结　12—主动触点　13—主静触点　14—灭弧罩　15—吹弧线圈

接触器为条架式平面布置，电磁系统在右，主触点系统在中间，联锁在左，衔铁和停挡可以转动，以便于维修。

接触器的电磁系统由“□”形动、静铁心及吸引线圈组成。动、静铁心均有弹簧缓冲装置，能减轻电磁系统闭合时的碰撞力，减少主触点的振动时间和释放时的反弹现象，同时还有增加触点接触面积、减小接触电阻的作用。接触器的主触点系统为单断点串联磁吹结构，并配有纵缝式塑料灭弧罩。联锁触点为双断点式，有透明的防护罩。接触器各主要机构的作用如下：

1．触点部分

交流接触器触点的作用是接通电流，分为主触点和副触点。主触点是串接在主电路里的常开触点，副触点串接在控制电路里，只能通过很小的电流（一般只有5 A）。副触点有常开和常闭两种形式。常开触点在没有通入电流或衔铁没受吸力时处于断开状态，因此这种触点也叫动合触点。常闭触点在没有通入电流或衔铁没受吸力时处于闭合状态，通电后才断开，因此又叫动断触点。

常开触点和常闭触点如是联锁的，则常闭触点张开的同时常开触点就闭合；反之，常闭触点闭合时常开触点就张开。

2．电磁部分

电磁部分由线圈、磁轭和衔铁三部分组成。线圈通电后导磁体被磁化。导磁体通电后有很好的导磁性能，产生的磁力能将衔铁和磁轭吸合。

3．灭弧罩

接触器灭弧罩的作用是迅速消除主触点在断开时产生的电弧，防止发生电弧短路，同时也保护主触点不被过快地烧焦、熔焊，以及提高主触点的断流容量。

常用的灭弧罩有纵缝式灭弧罩、栅式灭弧罩和磁吹式灭弧罩等。

二、接触器的型号和技术数据

天车上常用的交流接触器有CJ10，CJ12，CJ20系列。

交流接触器型号的含义如下：

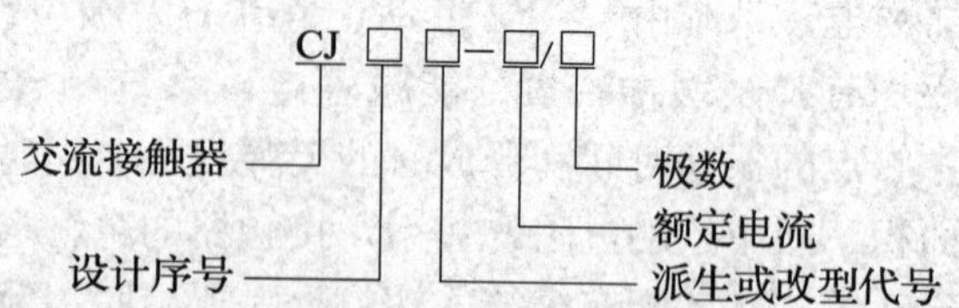

CJ12 系列交流接触器的技术数据见表 3—6。

表 3—6　　CJ12 系列交流接触器的技术数据

<table>
<tr><th rowspan="2">型号</th><th rowspan="2">额定电流（A）</th><th rowspan="2">极数</th><th colspan="2">操作次数（次/h）</th><th rowspan="2">机械寿命（万次）</th><th rowspan="2">主触点寿命（操作频率 600 次/h，$FC=25\%$）</th><th colspan="3">副触点</th></tr>
<tr><th>额定容量</th><th>短时降低容量</th><th>额定电压（V）</th><th>额定电流（A）</th><th>组合情况</th></tr>
<tr><td>CJ12—100
CJ12—150
CJ12—250</td><td rowspan="2">100
150
250
400
600</td><td rowspan="2">2
3
4
5</td><td>600</td><td>2 000</td><td>300</td><td>15 万次</td><td rowspan="2">交流 380</td><td rowspan="2">10</td><td rowspan="2">5 常开、1 常闭，四开二闭三开三闭</td></tr>
<tr><td>CJ12—400
CJ12—600</td><td>300</td><td>1 200</td><td>200</td><td>10 万次</td></tr>
</table>

模块四　继　电　器

继电器也是一种自动控制用的电器。它是用来切换控制电路的，其触点容量较小。在天车的控制装置中，用它来控制接触器的工作。在天车上常见的继电器有零电压继电器、过电流继电器、热继电器和时间继电器。

一、零电压继电器

天车控制箱中的线路接触器、各种控制屏中的 CJ10—10 接触器都起零电压继电器的作用。其原理是当工作过程中突发断电事故时，接触器便释放，使触点断开，进而断开控制回路或主电路的电源，以防止突然恢复供电而发生意外事故。在电源供电正常后，必须将所有的控制手柄恢复到零位，才能重新启动各机构。

二、过电流继电器

天车上使用的 JL5，JL15，JL18 等型号的过电流继电器为瞬动元件，只能用于天车的短路保护。JL12 为反时限元件，可以用于天车的过载和短路保护。

1. 过电流继电器的结构

以 JL12 系列的过电流继电器为例，其外形和油杯剖面如图 3—9 所示。

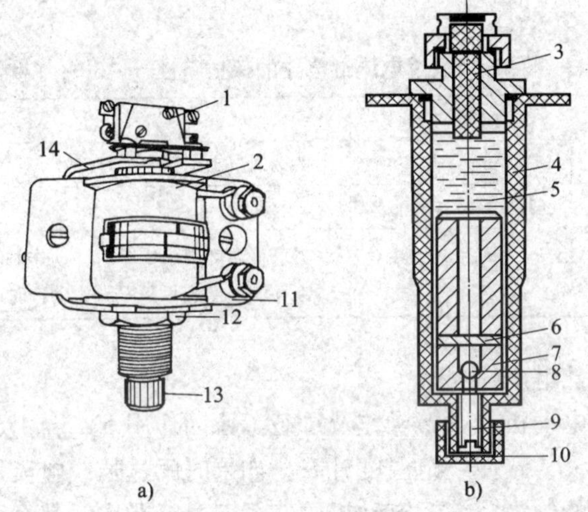

图 3—9　JL12 系列过电流继电器的外形和油杯剖面

a）外形图　b）油杯剖面图

1—微动开关　2—线圈　3—顶杆　4—导管　5—阻尼剂　6—销子　7—动铁心　8—钢珠　9—调节螺钉　10，13—封帽　11—接线座　12—螺母　14—磁轭

它主要由以下三部分组成：

（1）螺管式电磁系统。包括线圈 2、磁轭 14 及封帽。

（2）阻尼系统。包括阻尼剂 5、导管 4（即油杯）、动铁心 7

及动铁心中的钢珠 8。

（3）JLXK1—11 型微动开关 1。

2. 过电流继电器的工作原理

当天车各机构的电动机发生过载、过电流时，导管 4 中的动铁心 7 受到电磁力的作用，克服阻尼剂 5 的阻力向上运动，直到推动顶杆 3 打开微动开关 1，断开控制电路使电动机断电为止。继电器动作后电动机停止工作，动铁心在重力作用下恢复原位。

继电器的调整应根据环境温度高低对阻尼剂黏度的影响，通过调整调节螺钉 9，使动铁心的位置或上或下，从而缩短或延长继电器的动作时间。常用的 JL12 型过电流继电器的保护特性见表 3—7。

表 3—7　JL12 型过电流继电器的保护特性（−30 ~ +40℃）

电 流（A）	动 作 时 间	备　注
$1.5I_N$	<3 min（热态）	持续通电 1 h 不动作为合格
$2.5I_N$	（10 ±6）s（热态）	—
$6I_N$	<1 s	当环境温度高于 0 ℃时，动作时间小于 1 s 当环境温度低于 0 ℃时，动作时间小于 3 s

三、热继电器

天车电动机在频繁操作及过载等原因作用下，会引起定子绕组电流增大，致使绕组温度升高，如果时间过长或电流过大，会损坏绕组的绝缘，缩短电动机的使用寿命，严重时甚至会烧毁电动机。

热继电器就是在上述情况下发生动作，使电动机断电，从而避免过热，起到保护电动机的作用。常用的 JR16 型热继电器不仅能起过热保护的作用，还能起到断相保护的作用。

1. 热继电器的结构

JR16—150 型热继电器的结构如图 3—10 所示。它由双金属片，偏心轮，推杆，连杆，内、外导板和动、静触点等组成。JR16 型热继电器是三相机构，并带有差动式断相保护机构。

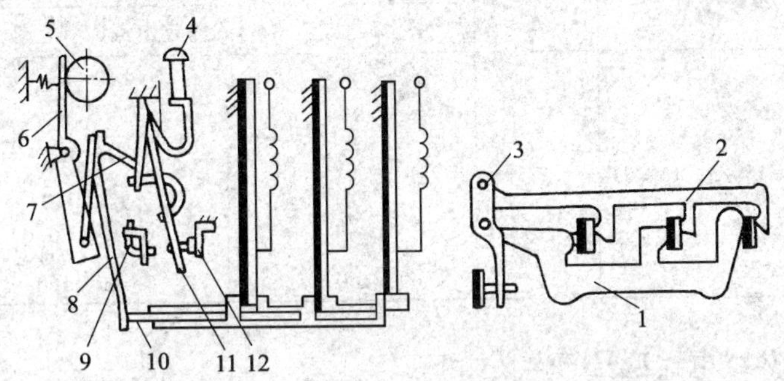

图 3—10　JR16—150 型热继电器的结构

1—外导板　2—内导板　3，10—杠杆　4—复位按钮　5—偏心轮　6—连杆　7—推杆　8—补偿双金属片　9—复位调节螺钉　11—动触点　12—静触点

2．热继电器的工作原理

当热继电器的三相均衡过载时，双金属片受热向左弯曲，推动外导板 1（同时带动内导板 2）左移，通过双金属补偿片 8 及推杆 7，使动触点 11 与静触点 12 分断，从而断开控制回路。

如果一相断路，则该双金属片逐渐冷却并向右移动，带动内导板右移，外导板继续在未断相的双金属片推动下左移，于是产生差动作用，通过杠杆传动，使热继电器动作加快。

JR16 系列热继电器的技术数据见表 3—8。

表 3—8　　JR16 系列热继电器的技术数据

型　　号	额定电流（A）	热元件等级	
		热元件额定电流（A）	整定电流调节范围（A）
JR16—20/3，20/3D	20	16 22	10 ~ 16 14 ~ 22
JRD16—60/3，60/3D	60	22 32 45 63	14 ~ 22 20 ~ 32 28 ~ 45 40 ~ 63

续表

型　　号	额定电流（A）	热元件等级	
		热元件额定电流（A）	整定电流调节范围（A）
JR16—150/3，150/3D	150	63	40～63
		85	53～85
		72	45～72
		110	68～110
		120	75～120
		160	100～160

热继电器型号的含义如下：

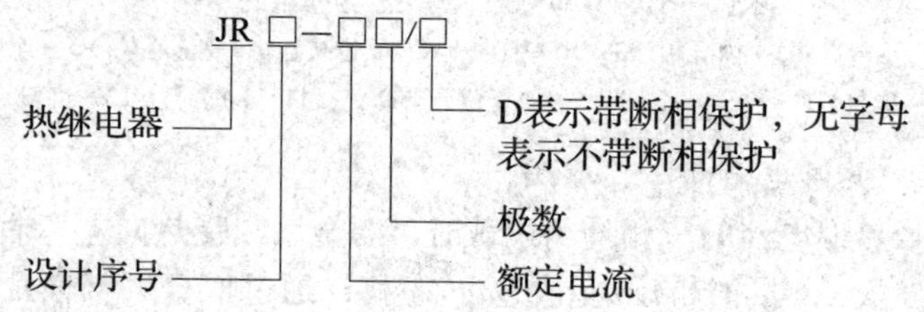

四、时间继电器

时间继电器起延时接通或切断电流的作用。在接通或切断继电器线圈的电源以后，过一段时间触点才发生动作。

时间继电器的种类很多，有直流电磁式时间继电器、气阻式时间继电器、摆式时间继电器以及晶体管式时间继电器等。天车上常采用 JT3 系列直流电磁式时间继电器。

1. JT3 系列时间继电器的结构

JT3 系列时间继电器的结构如图 3—11 所示。它由线圈、动铁心、静铁心、微调弹簧和动触点、静触点等组成。

2. JT3 系列时间继电器的工作原理

JT3 系列时间继电器的延时作用是根据磁路中磁通缓慢衰减的原理实现的。延时的长短取决于磁通衰减的速度。在该继电器的磁轭（静铁心）上有一个铜或铝制的阻尼套（短路线圈），线

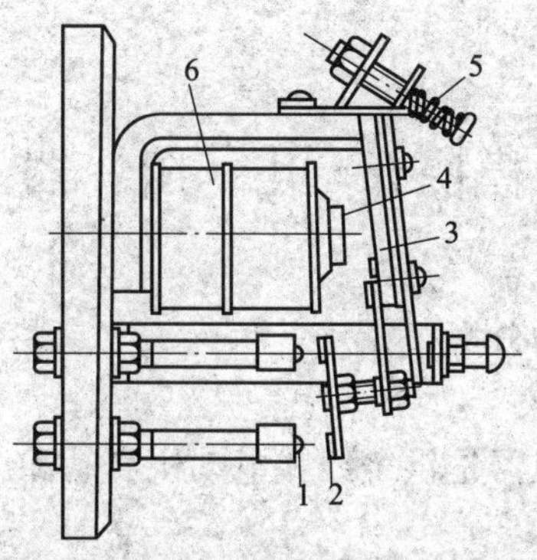

图 3—11　JT3 系列时间继电器的结构

1—静触点　2—动触点　3—衔铁（动铁心）

4—磁轭（静铁心）　5—微调弹簧　6—线圈

圈断电时，阻尼套中产生感应电流，这个电流使铁心中的磁通衰减变得缓慢，所以断电后继电器的衔铁（动铁心）不能立刻释放，而需经过一定时间才释放。这种继电器在线圈通电后，延时触点瞬时闭合；线圈断电后，它的延时触点延时闭合，延时断开触点则延时断开，所以这种继电器仅在断电释放时才有延时作用。延时的长短可以根据需要进行调节，调节方法如下：

（1）在磁轭和衔铁之间加入铜片。铜片加得越厚，延时就越短。

（2）调整继电器上的微调弹簧。旋入时，延时缩短；旋出时，延时延长。

时间继电器型号的含义如下：

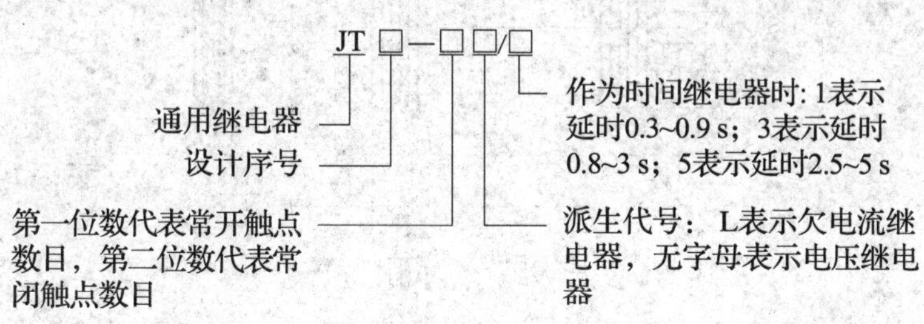

模块五　电　阻　器

一、电阻器的分类

1．按用途分类

天车上的电阻器是供绕线式电动机启动和调速用的，主要分为以下两类：

（1）启动用电阻器。这种电阻器是在电动机启动时把全部电阻串接在转子电路中，然后随着电动机转速不断增加而逐级被切除，直至电阻被全部切除后，电动机就处于额定转速状态下运行。属于断续（或短时）使用的用电器。

（2）启动、调速用电阻器。这种电阻器是接在电动机转子电路中的，启动和调速都使用。属于连续使用的用电器。

2．按材料分类

按材料不同，天车上用的电阻元件主要是康铜电阻器、铁铬铝合金电阻器。

（1）康铜电阻元件。康铜是一种含有铜、镍和少量锰的电阻合金丝，也有用不含镍或含镍量较少的新康铜丝制成的电阻元件，如图 3—12 所示。

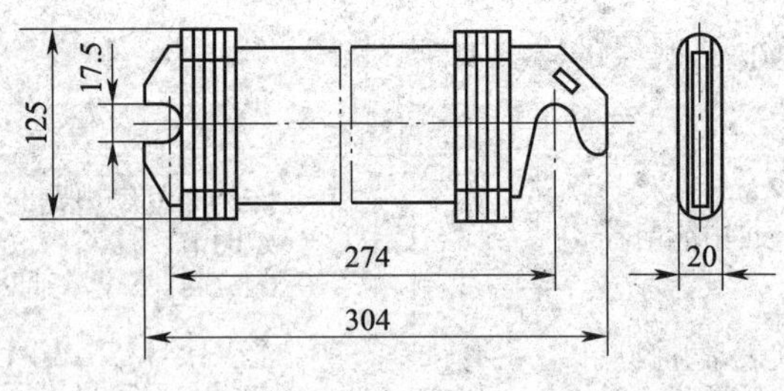

图 3—12　康铜电阻元件

具体制作方法是在钢质底板的两侧粘上磁槽，将康铜丝绕在磁槽上即可。电阻丝的直径一般为 1 ~ 2 mm，电阻元件容量较大时可以采用双股并绕。其特点是坚固耐用，耐冲击。缺点是电流容量小，价格较高，适宜用在电流小、电阻大的情况下。

（2）铁铬铝合金电阻元件。这种电阻元件的中心是一个钢质骨架，骨架外围为绝缘磁槽，螺旋形的铁铬铝合金带固定在绝缘磁槽的扇形支撑面上，如图 3—13 所示。

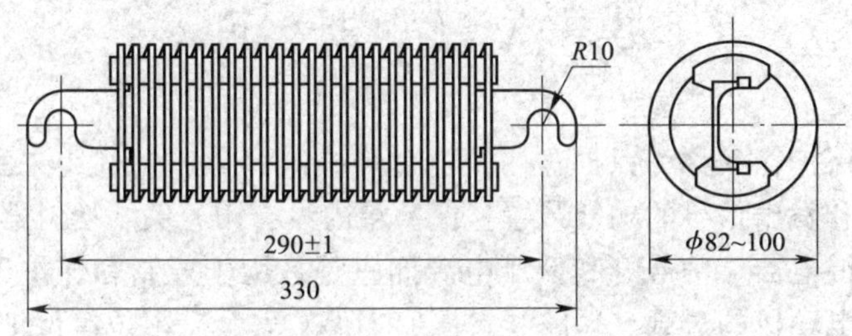

图 3—13　铁铬铝合金电阻元件

铁铬铝合金也是很好的电阻材料，具有良好的抗氧化性和耐高温、耐振动、散热条件好的特性。

此外，早期也有使用铸铁电阻元件的，尽管其具有耐酸、碱侵蚀，发热时间常数大，短时间过载温度上升慢等优点，但因其质地脆，容易断裂，电阻温度系数大的原因，已逐渐被淘汰。

二、电阻器性能比较

天车上常使用 ZX2，ZX9，ZX12，ZX15 等系列电阻器，其性能比较见表 3—9。

表 3—9　　各种电阻器性能比较

型号	名　称	元件型号	阻值（Ω）	电流（A）	工作温度（℃）
ZX2	康铜电阻器	ZB1，ZB2	0. 2 ~ 2 600	1. 2 ~ 43	400
ZX9	铁铬铝合金电阻器	ZD1	0. 1 ~ 8. 0	24 ~ 215	850

续表

型号	名　称	元件型号	阻值（Ω）	电流（A）	工作温度（℃）
ZX10	铁铬铝合金电阻器	ZD2	0.1～11	20～215	850
ZX12	铁铬铝合金电阻器	ZJ1	0.1～8.0	24～215	850
ZX15	铁铬铝合金电阻器	ZY	0.1～11	20～215	850

模块六　保　护　箱

保护箱又称为保护盘、配电盘和控制箱等，它是用来配电、保护和发出信号的电气装置。保护箱内设有刀开关、接触器、过电流继电器、信号灯和低压电源插座等，用于控制和保护天车，实现电动机的过载、短路、失压、零位、安全、限位等保护，其主电路原理图如图 3—14 所示。

保护箱中的控制电路原理图如图 3—15 所示。

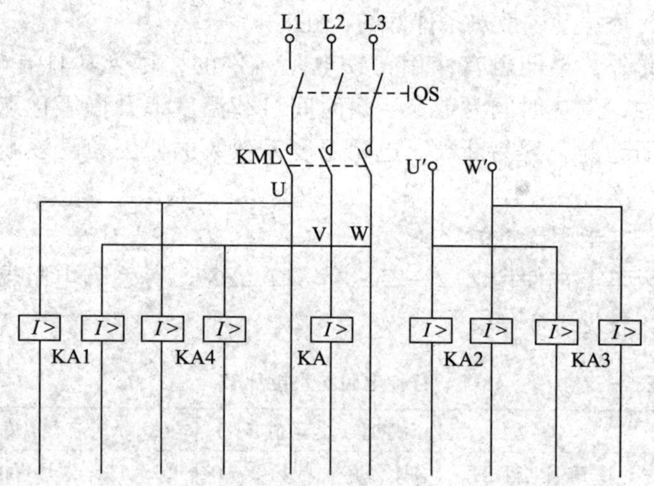

图 3—14　保护箱中的主电路原理图

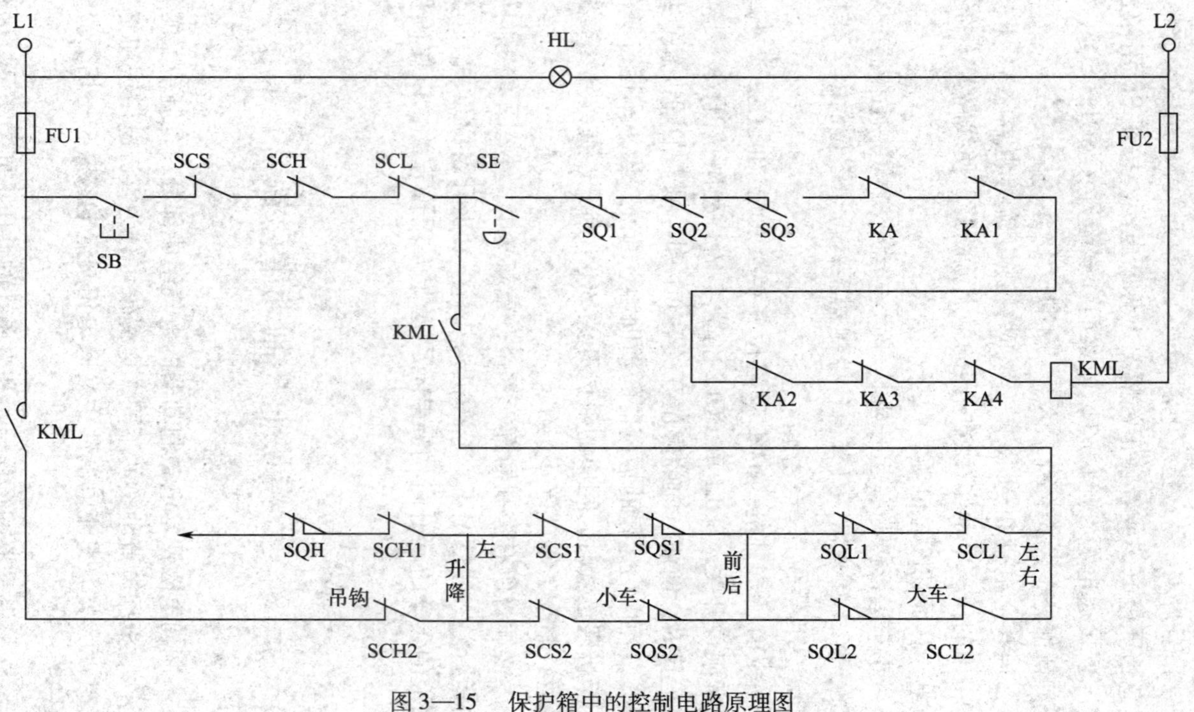

图 3—15　保护箱中的控制电路原理图

信号灯 HL 亮，指示电源接通。紧急开关 SE 用做事故情况、紧急情况停电，或者在正常情况下分断电源。按钮 SB 用做正常情况下接通电源。舱门口、横梁门和安全开关 SQ1，SQ2，SQ3 中的任何一个开关打开，天车均不能工作。

当某个电动机过载或短路时，过电流继电器 KA，KA1 ~ KA4 中的任一个动作，继电器的触点就断开，使线路 KM 的线圈断电，从而切断总电源。

小车运行机构、起升机构和大车运行机构的控制器分别为 SCS，SCH 和 SCL，只有当各控制器手柄位于零位时，才能接通 KM，实现零位保护。

SQH 为起升机构的行程限位开关，SQS1 和 SQS2 为小车的行程限位开关，SQL1 和 SQL2 为大车的行程限位开关。小车向前运行时，向前方向的限位开关 SQL1 和控制器的辅助触点接入线路，而向后运行的控制器的辅助触点断开。当小车运行机构运行至极限位置时，相应的限位开关 SQL1 断开，使线路 KM 断电释放，整个天车就停止工作。

必须将所有控制器置于零位，重新送电，小车才能再向后方向运行。一般情况下，起升机构装有一套上升限位开关，吊运金属液的天车的起升机构要装有两套上升限位开关，以便确保安全。

模块七　制动电磁铁

制动电磁铁是电磁制动器的电气组成部分，是制动器的驱动元件。根据电流种类的不同，电磁铁可分为直流电磁铁和交流电磁铁两大类。交流电磁铁中又有单相交流电磁铁与三相交流电磁铁之分。

按其制动器的行程长短和电磁铁的性质不同，又可分为长行程制动电磁铁、短行程制动电磁铁和液压制动电磁铁。天车上制动器内使用的制动电磁铁系列有：MZD1 系列短行程单相交流制动电磁铁，MZS1 系列长行程三相交流制动电磁铁，MY1 系列液压制动电磁铁。

一、MZD1 系列短行程单相交流制动电磁铁

MZD1 系列短行程单相交流制动电磁铁主要应用在起重量较小的天车的大车、小车平移机构的制动器中，其结构如图 3—16 所示。

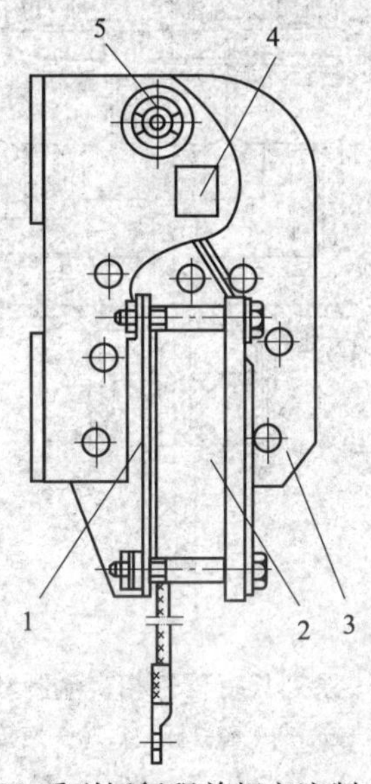

图 3—16　MZD1 系列短行程单相交流制动电磁铁的结构

1—静铁心（磁轭）　2—线圈　3—动铁心（衔铁）
4—挡板　5—转轴

制动电磁铁与电动机的定子绕组并联，当电动机工作时，电磁铁同时获电，产生的磁力使动铁心与静铁心吸合，这时动铁心通过挡板压在制动杆上，制动杆移动，制动器松闸。当电磁铁断电时，在制动器弹簧的作用下，制动杆推动动铁心离开静铁心，

制动器将机构制动。它的特点是结构简单，动作迅速。

二、MZS1 系列长行程三相交流制动电磁铁

MZS1 系列长行程三相交流制动电磁铁有两种结构形式，一种是带缓冲装置的，另一种是不带缓冲装置的。两者除缓冲汽缸外，其他部分都一样，其结构如图 3—17 所示。

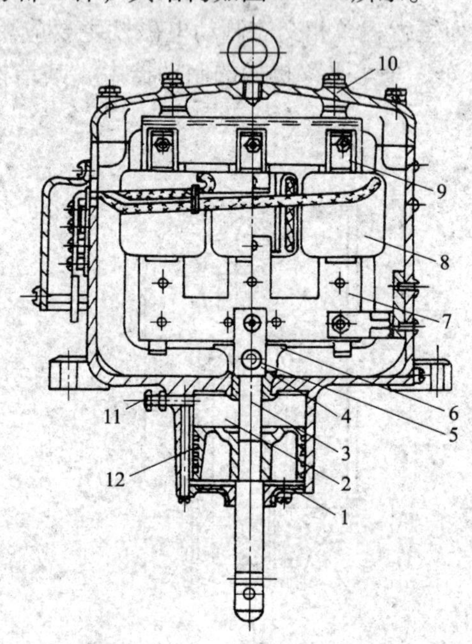

图 3—17　MZS1 系列长行程三相交流制动电磁铁的结构

1—活塞　2—汽缸　3—牵引杆　4，6—连接板　5—柱销　7—动铁心　8—线圈　9—静铁心　10—外壳　11—气孔　12—调节螺钉

MZS1 系列长行程三相交流制动电磁铁由动铁心、静铁心、线圈、连接板和牵引杆等组成。它也与电动机定子绕组并联，电动机得电，制动电磁铁也同时得电，则动铁心吸合，带动牵引杆使制动器松开，机构便得以运动。断电时，制动器闸瓦在弹簧压力作用下迅速抱住制动轮，机构停止运动。

这种制动电磁铁的制动力矩稳定，调整精确，安全可靠，广

泛应用于天车的起升机构中。

三、MY1 系列液压制动电磁铁

MY1 系列液压制动电磁铁瓦块式制动器的驱动装置由推杆、液压缸、底座、活塞和电磁铁等主要零件组成，动铁心和静铁心之间有一个工作间隙，其结构如图 3—18 所示。

电磁铁线圈 4 通电后，动铁心 3 在电磁力作用下向上运动，由于齿形阀片 25 的阻流作用，工作间隙 6 的油被压缩而产生了压力，并进入推杆与静铁心之间的间隙内，通过轴承 22 上的孔，向上推动活塞，使活塞与推杆一起向上移，推动杠杆板时压紧主弹簧，制动器架的制动臂外张，制动瓦块与制动轮分离。整个松闸过程约为 0. 4 s。

电磁铁断电后，电磁力消失，推杆在制动器主弹簧张力的作用下迫使动铁心下降，制动器又将制动。整个电磁铁的释放过程（即合闸时间）约为 0. 2 s。

液压电磁铁的特点是动作平稳，噪声小，接电次数多，使用寿命长，安全可靠，具有自动补偿推杆行程的作用，不需要经常调整。缺点是在恶劣条件下硅整流器容易损坏。

四、电动液压推动器

电动液压推动器又叫液压推杆，它是一种比较新型的制动器的驱动元件。其可靠性和耐用性比交流电磁铁有明显的提高，所以在一些比较先进的天车上被广泛采用。

液压推杆的结构如图 3—19 所示。它主要由电动机、离心泵、叶轮、推杆以及带有活塞组件的液压缸组成。

工作时，电动机带动离心泵叶轮转动，将液压缸上部的油吸入送至液压缸下部的压力油腔，所产生的压力推动活塞，带动推杆及连接头向上运动，进行松闸动作。断电后，在上闸弹簧及活塞自重的作用下使推杆向下运动，进行上闸。

电动液压推杆的主要优点是：动作平稳，无噪声；允许开动的次数达 600 次/h 以上；推力恒定；所需电动机功率小（0. 18 ~

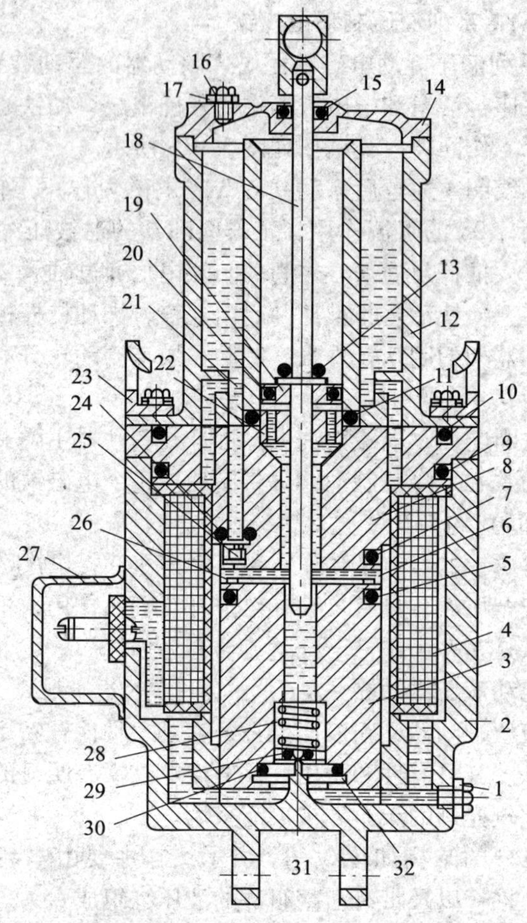

图 3—18　MY1 系列液压制动电磁铁的结构

1—放油螺塞　2—底座　3—动铁心　4—线圈

5，7，9，10，11，13，15，17，20，24，29，30—密封圈

6—工作间隙　8—静铁心　12—液压缸　14—盖　16—注油螺塞

18—推杆　19—活塞　21—通道　22—轴承　23—吊环

25—齿形阀片　26—垫　27—接线盒罩　28—弹簧　31—小柱　32—阀片

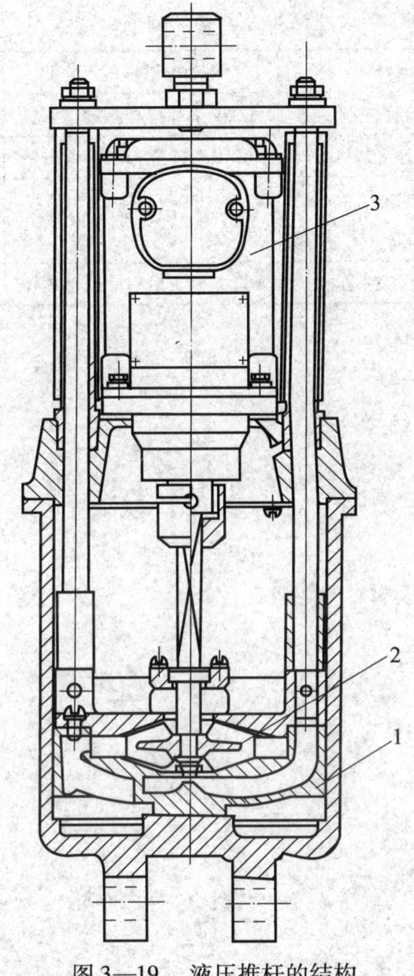

图 3—19　液压推杆的结构

1—活塞　2—离心泵叶轮

3—电动机

0. 4 kW），所以耗电量很小；可与电动机联合调速，可使吊钩的下降速度很快，因此用在热处理车间的天车上比较合适。

天车上使用的制动器与其配套的制动电磁铁见表 3—10。

表 3—10　　制动器与其配套的制动电磁铁

制动器的型号	制动电磁铁的型号	备　注
JWZ，TJ2 系列交流瓦块制动器	MZD1 系列单相制动电磁铁	单相交流
JCZ 系列长行程交流制动器	MZS1 系列三相制动电磁铁	三相交流
YDWZ，ZDJ1 系列液压电磁瓦块制动器	MY1 系列液压制动电磁铁	直流液压
YWZ 系列液压瓦块制动器	YT1，YT3 系列液压推动器	三相交流、液压

第四单元　天 车 操 作

培训目标

1. 掌握天车空载、吊物的基本操作方法。

2. 掌握天车的各种稳钩方法和技巧。

3. 掌握天车各种指挥口令和通用指挥手势；熟悉旗语以及各种警示符号。

4. 了解特殊物件的绑扎和吊运方法。

模块一　天车的基本操作

天车能否安全、高效率地工作，保持良好的运行状态，取决于两个方面的因素，一是天车设备本身具有良好的技术状态；二是天车司机具备一定的操作技术水平。下面从几个方面介绍天车的基本操作方法。

一、基本要求

对天车司机操作的基本要求是稳、准、快、安全及合理，这也是天车司机操作的基本功。

1. 稳

稳是指在操作过程中，无论吊钩还是吊物，从运动状态到静止状态停车后就不能产生过大幅度的摇摆，甚至连晃动也不允许。为此必须做到起车稳、运行稳、停车稳。这是对天车司机的基本要求，也是保证天车安全运转、不发生事故的先决条件。

2．准

准是在稳的基础上，把吊钩或吊物停在所需要的位置上。具体的操作就是通过准确的目测，理解地面指挥人员的意图，适当地调整大、小车位置，使吊钩准确地停放在指定的位置。准是提高生产效率的前提条件。

3．快

在稳和准的基础上，天车司机要逐渐熟悉各种动作的操作要领，使天车的大车运行机构、小车运行机构和其起升机构协调动作，同时进一步掌握各机构起动的惯性规律和制动间隙、行程，掌握电动机的启动时间等的细微差别，争取用最少的时间完成吊运工作。

4．安全

在熟悉设备各个机构的性能和特点的基础上，平时在使用天车时，要经常进行认真的检查，做好维护和保养工作，将天车设备上的所有安全隐患均消灭在萌芽状态。这样做可以减少停车次数，缩短停车时间，等于延长了天车的工作时间，实际上也为快速工作提供了保障。

5．合理

在工作过程中选择合理的工作路线、合理的操作规程、合理的工作负荷、合理的工作制度，达到稳、准、快、安全的目的，才能高效率地使用天车，并且不会给天车带来任何不良影响。

以上所述，是对天车司机操作的基本要求，也是天车操作技能培养和形成的基本规律。由于天车是一种大型和重要的起重设备，在各种工艺操作过程中都起到举足轻重的作用，除天车司机本身的操作外，还要和其他人员进行很好的配合，所以对其操作和运用就要十分重视，不可草率。

二、基本操作方法

大车和小车运行时的起动、调速、改变方向和制动都是采用操纵控制器手柄（手轮）来实现的。

控制器的控制面板上标有挡位，中间为零位，即零挡。天车上的零挡位是表明起重机不工作的挡位，也叫停止挡。然后由零开始，其左、右各有五挡。只要将手柄（手轮）扳离零位，大车（小车）就起动运行。运行速度随挡位的升级而增加，即一挡最慢，五挡最快。作为天车司机，应以正坐在驾驶室中，目光平行于天车主梁为标准驾驶位置。并据此确定大车的运行方向为左右方向，小车的运行方向为前后方向。操纵时，大车手柄（或手轮）扳向左边，大车就向左边运行；扳向右边，就向右边运行。小车手柄扳向左边，小车向前运行；反之向后运行。

大车和小车的运行速度通过手柄的挡位进行控制，从一挡至五挡速度逐级增大。速度大小应根据吊物大小和工作环境进行合理选择。

三、操作要领

1. 平稳起动，逐级加速

这是为了让天车在从静止状态到起动、运行过程中，避免由于天车加速太快而产生冲击，尤其是吊物只受钢丝绳约束，若加速太突然，极易引起吊物摇摆。平稳起动，缓慢加速可以减轻摇摆，甚至不摇摆。为了实现这个目标，操作时要逐挡扳动手柄，并且根据经验和电动机的工作特性，手柄在每个挡位上至少要停留 3 s 以上。无论大车或小车的加速，从零挡推到五挡时，其时间不得少于 15 s。

2. 平稳滑行，准确停车

开车时要逐挡加速，停车时也要逐挡回零，要使车速有一个逐渐减慢的过程，把车速降下来后再依靠制动滑行停车。为使天车准确停在某一位置，司机要掌握大车和小车在断电制动后每一挡以不同的速度停车后滑行的距离，这样可以在预定停车前的某处断电停车，达到既准确又省电的目的。若要使天车平稳制动，停车前应再短暂送电一次或两次使天车平稳停下来。

3. 长距高挡，逐级增速；短距低挡，断续送电

天车在运行过程中，距离不同，运行速度也要随之不同。距离长，可以选用高挡、高速。但增加速度前一定要逐级增加挡次，并确实感觉到已达到该挡位的正常速度后再进一步增加挡次。距离短，可以采用第一挡或断续送电的操作方法，以减少反复起动和制动次数。中等距离时，可以采用第二挡和第三挡。防止因速度过高而引起行车过量或者经常紧急制动而导致吊物摇摆。

四、操作安全技术

1. 天车大、小车运行机构必须安装制动器，禁止用打反车的方式作为主要的制动方式。

2. 制动器反应不灵敏或失效时不准开车。

3. 小车的前、后端以及大车的左、右端必须装有缓冲器，轨道尽头必须装有止挡器，以防止天车对厂房产生过大的冲击或出现掉轨事故。

4. 大、小车都必须在运行终端安装行程开关，以便在大、小车接近终端时由行程开关先切断电源，保证上述机构在减速情况下碰撞止挡器，避免造成过大的冲击。

5. 在室外工作的龙门吊和装卸桥等起重设备必须安装防风装置，或尽量减少起重机的迎风面积。

6. 为防止吊物摇摆，大、小车的起动、制动不要过快、过猛。而且无论起动或制动都绝不允许将操作手柄直接从零位扳到第五挡，也不允许从第五挡直接扳回到零位。

7. 改变天车运行方向时，应先将天车停下来，然后再向相反方向扳动控制手柄。

8. 尽量减少反复起动次数。因反复起动使接电次数增多，会使金属桥架和机构部件增大疲劳程度，使电气设备和开关等频繁通电、断电，从而增加触点的烧蚀程度，导致接触不良，加速设备的损坏。

模块二　天车吊物的操作方法

起升机构是天车的核心机构，为保证天车高效、安全运转，需要天车司机掌握天车起升机构的电气性能和机械性能，熟练地掌握起升机构的操作方法。

一、起升和降落的操作方法

1. 起升操作

起升操作包括轻载起升、中载起升和重载起升三种情况。

（1）轻载起升操作。轻载起升的起重量 $Q \leqslant 0.4Q_{额}$。其操作方法是：天车司机眼睛盯住吊物和指挥人员的手势。手握起升机构控制手柄，从零挡向右（起升方向）凭手感逐级推挡，直至第五挡。每挡必须有超过 1 s 的停留时间。从吊物静止状态达到额定速度（第五挡）一般需要经过不少于 5 s 的时间。当吊物即将被提升到预定高度时，还应将手柄再逐级扳回到零位，同样也要在每挡停留 1 s，使电动机逐级减速，最后制动停车。

（2）中载起升操作。中载起升的起重量 $Q \approx (0.5 \sim 0.6Q)_{额}$。操作方法为：起动、缓慢加速，但当控制手柄推到起升方向第一挡时，停留时间要在 2 s 左右。以后逐级加速时，每挡停留 1 s 即可，直至第五挡。制动前，应先将手柄逐级扳回零位，每挡停留 1 s 的时间，使电动机速度逐渐减下来，再将手柄扳回零位，制动停车。

（3）重载起升操作。重载起升的起重量 $Q \geqslant 0.7Q_{额}$。由于重物质量较大，它所产生的负载可能大于电动机的启动转矩。所以将控制手柄推向第一挡时，电动机可能启动不起来。此时应该迅速将控制手柄推到第二挡，把物件逐渐吊起。确认物件被吊起后再逐级加速，直至第五挡。值得注意的是，若手柄推到第二挡后电动机仍然不启动，则说明被吊物件的质量已经超过额定起重量，这时必须马上停止起吊。当被吊物件提升到预定高度时，应将控制手柄逐渐扳回零位，在第二挡可以多停留一些时间，以便减少制动时的冲击。但在第一挡位置则绝对不能停留，否则会因电动机的起升力矩不足而使重物下滑。

2．下降操作

下降操作技术与起升操作技术所涉及的情况相同，也分为轻载下降、中载下降和重载下降三种情况。但操纵盘上手柄各挡的方向与上升的操作正好相反。并且下降时的一、二、三、四、五挡的速度是逐级减慢的。即挡位越高，速度越慢。

(1) 轻载下降操作。只需将控制手柄推到下降第一挡，被吊物件便会以额定速度的1.5倍下降，这是因为下降方向与电动机转向相同时，物件的质量会加速电动机的转动速度。第一挡的速度特别适合物件的长距离下降。

(2) 中载下降操作。普遍认为将手柄推到下降第三挡比较合适。因物件质量大，下降速度快是很危险的。这样操作既可保证安全，又能满足工作效率的要求。

(3) 重载下降操作。由于重物质量太大，因此只能用第五挡以最慢的速度下降。当被吊物件到达预定位置时，应立即将手柄扳回零位，中间不要停顿，以免下降时由于重物的重力作用而产生加速度，制动时产生猛烈振动。鉴于上述原因，重载下降时还要注意以下两点：

1) 不要将手柄置于下降方向的第一挡，因为在重力作用下，被吊物件会以两倍以上的速度下降，超出电动机额定转矩范围，这是非常危险的，而且电动机也会因此发生故障。下降速度过快还会产生很大的动能，在制动器调定范围内因制动力矩不够，造成无法制动而产生“溜钩”的严重后果。

2) 长距离的重载下降禁止采用反接制动方式（即将手柄置于上升方向第一挡），这是因为电动机的启动转矩小于吊物的负载转矩，重物会拖带电动机逆转，则电动机转子电流很大，不但会加大耗电量，不经济，而且还有可能因此而烧坏电动机。

二、操作要领及安全技术

正确掌握操作要领是安全操作的关键。起升机构是天车的重要机构，要正确地使用天车，就要认真地研究天车起升机构的技术特性，从而掌握规律，并高效率地发挥设备的潜能。

1. 吊钩找正

为防止重物发生摇摆，起吊时吊钩必须位于物件重心的正上方。吊钩的找正分为前后找正和左右找正两种情况。

吊钩的前后找正稍显困难一些，因为吊钩和钢丝绳在司机操作位置的正前方，其偏斜情况很难找到合适的参照物做出正确的判断。一般的做法是：吊钩吊挂重物后要缓慢提升，此时可观察前、后两侧钢丝绳的松紧程度，发现哪一侧钢丝绳被绷紧则向哪一侧移动小车，最后当前、后两侧钢丝绳松紧程度一样时，即说明吊钩已被找正。

吊钩的左右找正比较容易，可直接根据钢丝绳的偏斜情况向左、右移动大车，使吊钩对准物件重心，钢丝绳垂直即可。

2. 平稳起吊

当钢丝绳拉直后，应先检查被吊物件、吊具和周围环境，确认吊挂正常并无障碍物时再进行起吊。起吊过程应先用低挡将重物吊起一定距离，或使被吊物件脱离周围的障碍物后，再将手柄逐级推至高挡，使物件以最高速度上升。但绝对禁止直接将控制手柄推到高速挡，以免吊物碰撞周围人员和设备，甚至拉断钢丝绳，造成人身或设备事故。

3. 吊物运行

运行前，应根据工作场地确定起升高度，一般以高于地面障碍物 0.5 m 为宜。然后将吊物移至吊运通道上空运行，不允许从地面人员和设备上空通过，以防止发生意外事故。当吊物无法避让地面人员和设备时，要鸣铃发出警告，待地面人员避开后方可通行。

天车在工作过程中，无论大车、小车或起升机构都不允许把各行程开关当做停止按钮来切断电源，也不允许在电动机运转时（带负荷）拉下刀开关，以防止烧坏刀开关或使天车处于失控状态。

4. 物件停放

当被吊运物件到达指定位置后，首先要对正停放点，然后再根据吊物距离降落点的高度来确定合适的速度下降。即吊物下降时的速度始终要处于被控制状态，严禁过快、过猛。吊物落下后，不要急于脱钩，必须经地面人员证实落稳并发出指挥信号后，方可落绳、脱钩。

三、稳钩的操作方法

所谓稳钩，是指天车司机在吊运过程中，把由于各种原因引起摇摆的吊钩和物件稳住。稳钩是天车司机必须掌握的基本技能之一。吊物摇摆存在着极大的安全隐患，天车司机在操作过程中应着眼于防止吊钩和吊物的摆动。为此首先要做到在起吊时找正吊钩位置；其次是起动、制动要平稳，加速和减速要逐挡递增和递减；绑缚物件的绳扣长短要适当，而且绑缚位置要适当，分支绳受力要相等，吊钩的垂直线要尽量通过被吊物件的重心。

一旦被吊物件发生摇摆，作为天车司机，一方面不要惊慌；另一方面要针对发生摇摆的原因，使用正确的稳钩方法，及时消除摇摆现象。在实际工作中，可能发生的摇摆情况包括：前后摇摆、左右摇摆、起车摇摆、运行摇摆、停车摇摆、抖动和圆弧摇摆等。稳钩操作应根据发生摇摆的原因，迅速做出正确的判断，具体操作方法如下：

1. 前后摇摆的稳钩操作

从驾驶室的位置看出去，正好面对司机的是前后方向的摆动，这是沿小车轨道方向的来回摇摆。

前后摇摆的稳钩操作方法是起动小车向吊物的摇摆方向跟车。如一次跟车未能完全消除摇摆，可以根据摇摆幅度的大小再做一次适当程度的跟车，一般操作是第一次往去的方向跟车，若没稳下来，再往回的方向跟车一次。一般两次操作基本上可将吊钩稳定下来。

其基本要领是：抓住时机，不要犹豫，跟车及时，程度适当。

2. 左右摇摆的稳钩操作

左右摇摆是沿大车轨道方向的摇摆。稳定这种摇摆的方法是起动大车沿吊钩摆动的方向跟车，如图 4—1a 所示。

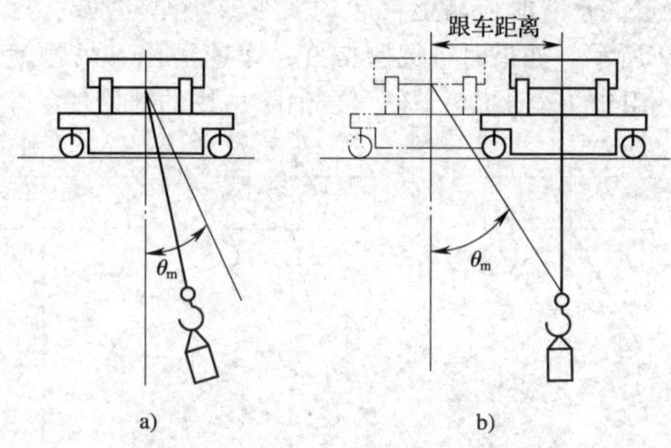

图 4—1　左右摇摆的稳钩操作

a）向前跟车　b）停止跟车

当吊物接近最大摆动幅度（吊物摆到这一位置即将往回摆动）时，停止跟车，最佳时机和最好的效果就是停止跟车时正好使吊物处于垂直位置，如图 4—1b 所示。同理，跟车速度和跟车距离取决于跟车时吊物的摇摆位置和摇摆幅度的大小，这要求天车司机在实践中逐渐摸索和积累经验。如果稳钩效果不理想，可再向相反方向跟车。如果时机、速度把握得好，一般 1 ~ 2 次操作即可将吊钩或吊物稳定下来。

3. 起车摇摆的稳钩操作

起车产生摇摆的原因是当大车或小车起动时，由于车体突然向前运动，吊物通过挠性的钢丝绳与车体连接，由于惯性作用而滞后于车体，吊物偏离其平衡静止位置而发生摆动。起动越突然或控制手柄推动速度越快时，摇摆的现象就越剧烈。

吊物越重，起车越快，则与吊物的原来状态差别越大，产生摇摆的程度就越严重。因此，无论大车或小车在起动时都应逐渐加速，力求平稳，将吊物可能产生的摇摆控制在最小范围内。

进行起车摇摆的稳钩操作时，应及时扳转大车或小车的控制手柄回零位，使之制动。然后当吊物向前摇摆越过吊物与车体相对平衡位置的垂线时，马上再起动大车或小车向摆动方向跟车，如图 4—2 所示。如果时机把握得好，车速适当，吊物就可以与车体处于相同的运动状态，便可以消除吊物的摇摆现象。

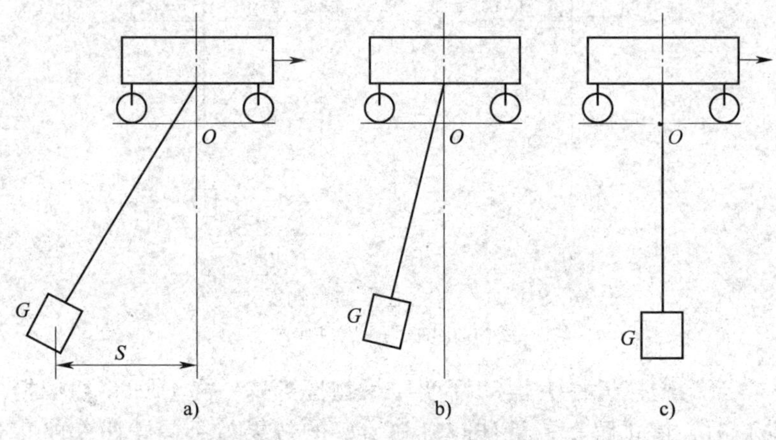

图 4—2　起车摇摆的稳钩操作

a）起车　b）停车　c）二次起车

4．原地稳钩操作

当大车或小车的车体已经到达预定地点，由于车速过快或制动过猛，造成车体骤然停下，而吊物与车体只是一种挠性约束，同样是由于惯性作用，造成吊物左右或前后摇摆，当然在这种情况下落放吊物的落放点不容易准确并且也不安全，尤其用天车吊运设备进行精密安装时其后果更是不堪设想。此时，必须采用原地稳钩操作，如图 4—3 所示。

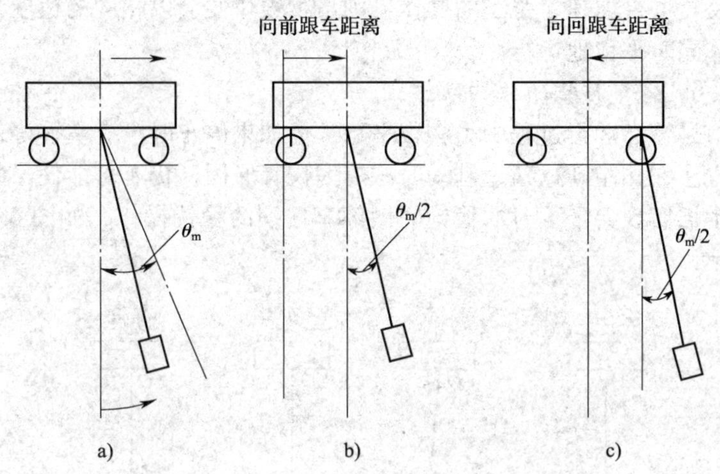

图 4—3　原地稳钩操作

a）起车　b）向前跟车　c）返回跟车

原地稳钩与前述稳钩方法不同。其主要区别是吊钩向左（或向前）摆动时，起动大车（或小车）向左（前）跟车到吊钩最大摆幅的一半，待吊物向回摇摆时再起动大车（或小车）向回跟车。如果能熟练掌握这种稳钩方法，除能将吊物准确地停放在预期的停放点外，还能明显地缩短一个吊运工作周期，对提高天车的工作效率意义十分重大。

5．运行摇摆的稳钩操作

天车在运行过程中发生摇摆，其操作方法同前述的稳钩方法差不多，也是采用跟车的方法稳住吊钩或吊物。但因为天车处在运行过程中，所以跟车时就只能顺着吊物的摇摆方向提高运行的速度，即在原来的挡位上再提高挡位，使运行机构的速度跟上吊物的摇摆速度。如果吊物又向回摆动，则应减小控制器的挡位，使运行机构的速度降下来，让吊物跟上车体的运行速度，以减小吊物的回摆速度。

天车在运行过程中发生摇摆，天车司机必须以不急不躁的心情反复进行加速、跟车的操作，则吊物很快便会以相同的速度与车体同时平稳地运行。

6. 停车摇摆的稳钩操作

尽管在运行过程中吊物很平稳，但如果停车时没有掌握好停车方法，如制动过猛、制动时减速太快等原因，仍有可能使吊物发生摇摆现象。这时的稳钩叫做停车摇摆的稳钩操作，如图 4—4 所示。

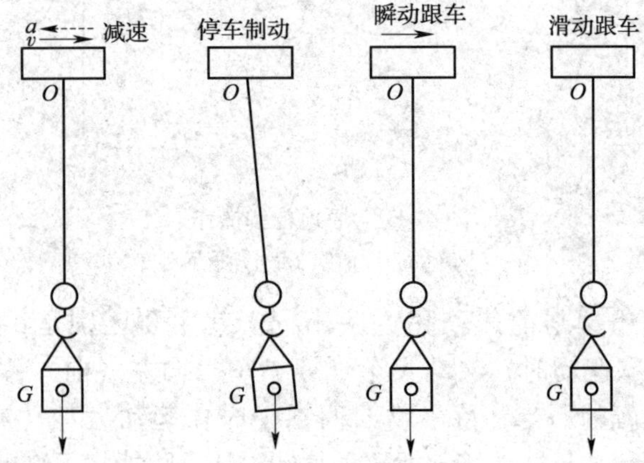

图 4—4 停车摇摆的稳钩操作

消除这种摇摆的方法是：在天车距离预定停车位置之前的一段距离内，先将控制器手柄逐挡扳回零位，在天车逐渐减速的同时，适当地制动 1 ~ 2 次，在吊物向前进方向摆动时，立即用低挡跟车 1 ~ 2 次，即可将吊物平稳地停在预定地点。

7. 抖动摇摆的稳钩操作

所谓抖动，是指吊物大幅度前后摆动，而吊钩以小幅度在吊物一个摆角内抖动几次的摆动。造成抖动的原因很多，例如，绑扎物件的钢丝绳长短不一，对复杂物件的重心估计不准，起吊时过快、过猛等，都会使吊钩产生抖动。

稳定这种抖动钩的操作难度较大，具体做法是：当吊物向前方慢速大幅度摆动，而吊钩以小角度快速抖动时，此时要反应迅速，看准时机，当吊钩的抖动方向与吊物的大幅度摆动方向相同时，快速跟钩，然后同样快速地将控制器手柄扳回零位。一般情况是每往返跟钩一次，抖动的摆角就减小许多。稳钩次数的多少与司机操作的熟练程度有很大关系。熟练程度越高，则操作次数就越少。如果操作得当，一般只需 2 ~ 3 次即可将吊钩稳住。

8. 圆弧摇摆的稳钩操作

在起动或吊运时，因操作不当或某些外界因素的作用，使吊物产生以卷筒为圆心的弧线运动，即所谓“圆弧”钩。这种稳钩的操作方法最为复杂，也不好掌握。但稳钩的原理是一样的，都是使用大车或小车跟钩的方法解决吊钩和吊物的摆动问题。它的难点在于要采用大车和小车的综合运动跟车法，使小车产生与吊钩和吊物一样的曲线运动，同时还要注意控制器的速度挡位，要尽量使跟车速度与吊钩和吊物的摆动速度相匹配，直至最后将吊钩或吊物稳定下来。

由于天车经常由静止到高速运动，或者由高速运动到制动停止。吊物产生摇摆的原因不同，产生摇摆的情况也非常复杂，具体采用哪种方式稳钩，要具体情况具体分析。上述介绍的稳钩方法是最基本的方法，应该熟练掌握。其他形式的摆动与稳钩要在生产实践中逐渐摸索和总结。另外，天车司机在熟练掌握稳钩操作的同时，应十分清楚自己所操纵的天车的工作特性，如大车和小车制动的滑行距离等，这样在进行稳钩操作时便能更准确地把握控制器手柄的挡位以及制动、跟车的时机等，这对稳钩操作的效果和操作技术的发挥有着十分重要的意义。

四、精密定点操作

在实际生产中，有时还要天车配合加工工艺和装配过程的需要，进行更加复杂的操作，如工件的装夹，轧辊、轴类零部件的安装等，这些对吊钩或吊物的到位率精确度要求极高。

但这种操作在实际工作中由于被吊装的零部件的重要性，往往没有机会进行学习和训练。所以，天车司机要想进行这种高精度的操作，可以采用地面“地靶”的方式进行训练。所谓地靶，就是将可能遇见的工件装夹、零部件安装等工艺操作对象设计成难度相等、但制作简单的立体模型。天车司机可以进行有针对性的操作训练。

进行地靶训练时，可以根据现场情况将地靶摆成各种形式，如图 4—5 所示。

用靶标进行操作训练与工件装夹和零部件安装等情况比较相似，吊钩或吊物通过地靶时，不允许刮碰，并且移动距离也要精准。尤其当物件下降时，绝不允许出现“溜钩”现象。所以每更换一种物件时，都要根据天车起重量的大小，熟悉和掌握轻、中、重载情况下物件下降时的制动距离，以便能准确判断物件或吊物通过地靶的精确停车位置和制动时机。

五、物件的翻转操作

1. 地面翻转

地面翻转包括兜翻操作、游翻操作和带翻操作等。

（1）兜翻操作。兜翻又称兜底翻，主要适用于一些不怕磕碰的铸造、锻造毛坯件。其主要操作要领和关键技术如下：

1）绑缚物件的绳索要兜挂在被翻转物件的底部或下部。绳圈扣的锁点放在被翻转物件远离重心的位置，如图 4—6a 所示。

2）绳扣系牢后，推动起升控制器手柄，使吊钩逐步提升。随着物件以 *A* 点为支点的倾斜，同时校正大车（或小车）的

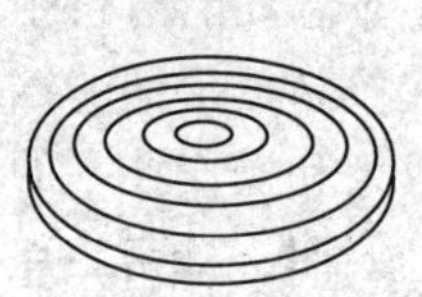
图 4—5　地靶训练

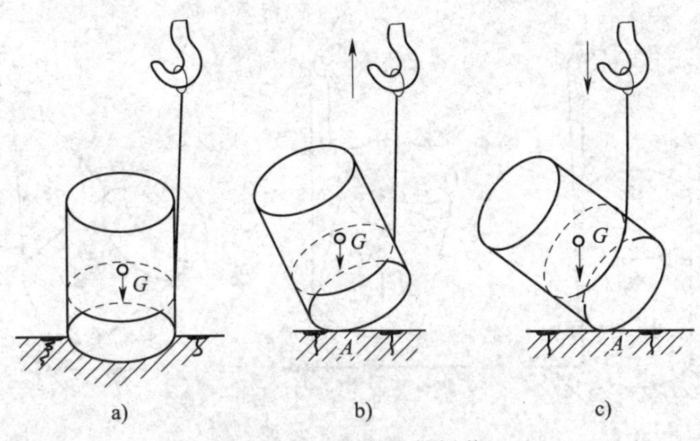

图 4—6　兜翻物件操作

位置，以便保证吊钩与钢丝绳时刻处于垂直状态，如图 4—6b 所示。

3）当被翻转物件倾斜到一定程度，其重心 G 与地面支撑点 A 不在同一条垂直线上时，物件重力产生的倾翻力矩会使物件自行翻转，如图 4—6c 所示。这时司机应迅速将控制手柄扳到下降第一挡，让吊钩以最快的速度落钩，并顺着物件倾翻的方向跟车，以减少物件突然倾倒对天车车体造成过大的冲击。当然，这时吊钩不宜继续提升，否则不仅使翻转受阻，甚至导致操作失败，而且也非常危险。

对于某些不宜磕碰的工件采用兜翻方式进行翻转时应加挂副绳，以防止工件与地面碰撞，如图 4—7a 所示。

副绳应绑缚在物件重心的上部，长度要适当。物件翻转前，副绳处于松弛状态且不受力。当吊钩提升物件使之逐渐倾斜时，副绳随着受力状态的改变而逐渐收紧，如图 4—7b 所示。当物件倾斜程度增大，重心 G 与地面支撑点 A 不在同一条垂直线上，且重心 G 超前于地面的支撑点 A，并且物件可以自行翻转时，副绳刚好被拉紧受力。此时继续提升吊钩，即可将被翻转物件略微提高，使其离开地面而不至于发生碰撞现象。当物件完全被提起，

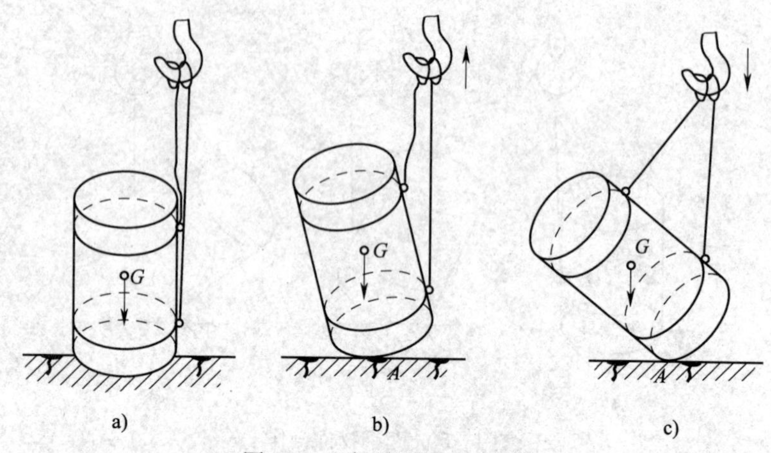

图 4—7　加挂副绳兜翻操作

并且稳定不再摇摆时，再进行落钩操作，待物件下角与地面接触后，继续落钩，使物件逐渐翻转落地，如图 4—7c 所示。

（2）游翻操作。游翻操作最适合不怕碰撞的盘状、扁形工件的翻转。游翻操作的具体步骤如下：

1）根据被翻物件的尺寸和形状，吊挂稳妥后，先将被翻物件提升至稍高于地面的高度，快速开动大车或小车，使吊物在天车的拖拽下游摆。

2）在游摆至最大摆角的瞬间，立即以最快的速度将物件降落，直至被翻转物件接触地面不再继续摇摆为止，如图 4—8 所示。

3）吊钩继续下降，物件在重力作用下自行倾倒。此时应注意钢丝绳的松弛程度，只要钢丝绳松弛程度合适即可停止落钩。

4）调整大车和小车位置，以便使钢丝绳、吊钩与被翻物件处于铅垂状态。

值得指出的是，这一操作要求天车司机反应灵敏，眼疾手快，看准时机，果断操作。同时，由于该操作动作多，所需空间大，因此需留意操作现场的周边环境，避免与其他物件或设备发生碰撞。

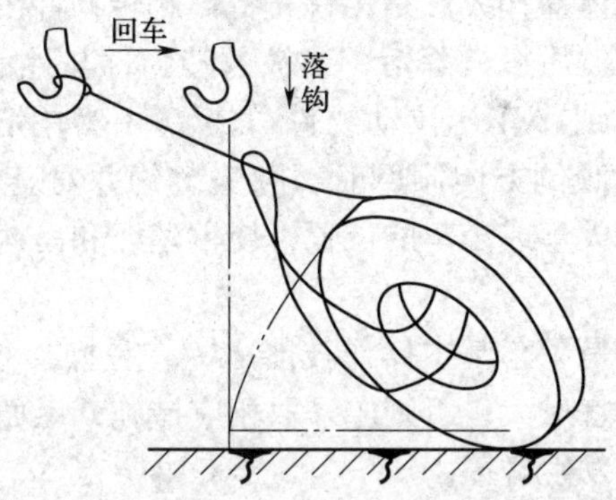

图 4—8　吊物的游翻操作

（3）带翻操作。对于已加工好的齿轮、液压操纵板等精密件需要翻转时，应采用带翻方式进行操作，如图 4—9 所示。

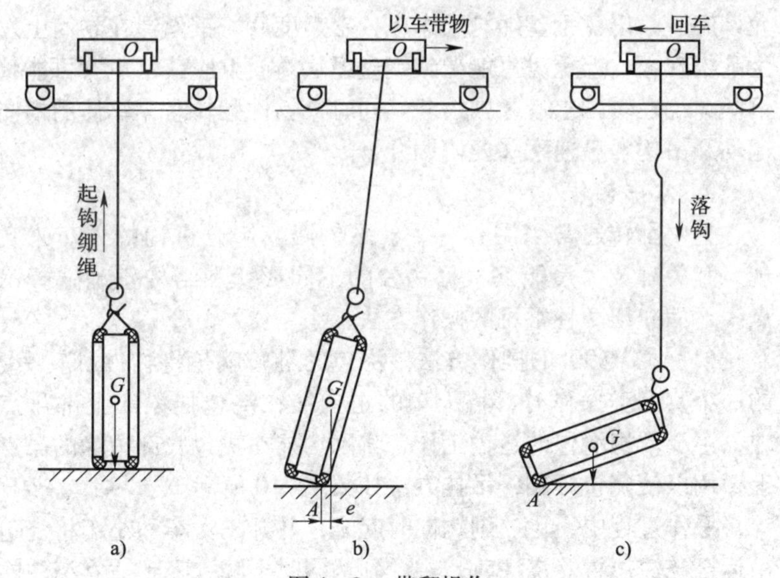

图 4—9　带翻操作

a）起钩绷绳　b）开车带物件　c）落钩翻转

带翻的具体操作方法是：首先将被翻转物件吊离地面，使之呈直立状态。然后慢慢降落，当被翻转物件与地面刚刚接触时，迅速开动大车或小车，拉动物件以支点 A 为中心做倾翻运动。当物件已向欲倾倒方向倾倒时，顺势落钩并对落钩速度加以控制。同时调整大车或小车的位置，使钢丝绳和吊钩始终保持垂直位置。

带翻操作是天车基本操作技能之一，是操作规程所允许的。但斜拉角度不宜过大；否则应采取相应措施，以便保护天车或防止被翻转物件发生碰撞。

由于带翻操作的特殊性，选择带翻操作必须兼顾被翻转物件的形状。一般来说，该方法的适应对象是扁平和盘形物件，这样的物件被立起来后，重心高，与地面的接触面积小，容易翻倒，同时也能减轻天车的斜拉负担。物件一旦发生倾倒时，原则上不允许起升，以免钢丝绳与天车成一定角度后，钢丝绳在卷筒上发生乱绕现象，严重时可能导致钢丝绳从卷筒上脱落，也有可能将钢丝绳绕在转轴上使之被绞断。同时，物件翻转时，车体的横向运动和吊钩的迅速下降要协调配合。

2. 空中翻转

空中翻转通常采用具有主、副钩两套起升机构的天车来实现。其关键技术是能够根据物件的不同形状和结构正确选择吊点。下面介绍两种常见的操作方法：

（1）翻转 90°的操作方法。浇包的翻转就是将物件翻转 90°的一个实例。操作时，将天车的主钩挂在浇包挂梁的上部吊点上，主要承担浇包的运输工作，将副钩挂在浇包底部边缘的吊点上，用以使浇包倾翻，吊挂方法如图 4—10 所示。

操作过程中，主、副钩同时起升，并开动大车和小车将浇包吊运至浇注位置。浇注时，主、副钩同时下降，降到适宜浇注的高度时，再慢速提升副钩，使浇包底部逐渐上升。同时，主钩继续下降并调整小车的位置。需要注意的是：天车司机同时只能做两个动作，以免忙乱中发生误操作。当浇包的浇嘴对准浇口盆，并能使金属液准确注入浇注系统时，副钩要不停地上升，以使金属液流不间断地流出，直至将浇包内的金属液按浇注要求全部倒出为止，此时浇包的倾斜角度也接近或达到90°。

（2）翻转180°的操作方法。需要将工件翻转180°的场合较多，如设备的安装和检修、机件的加工等，都会遇到将设备翻转180°的情况，其操作方法如图4—11所示。

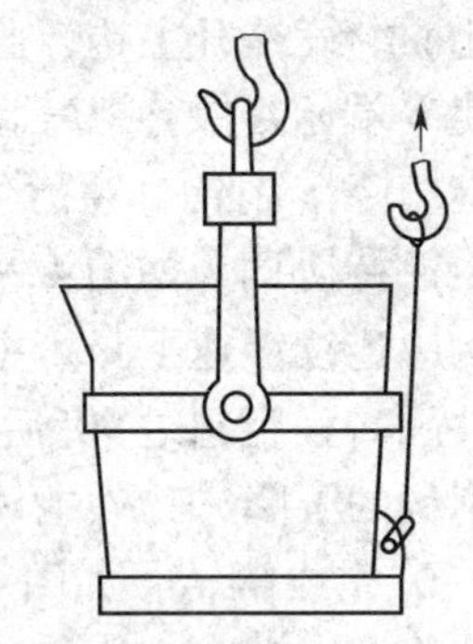

图4—10　浇包空中翻转90°的吊挂方法

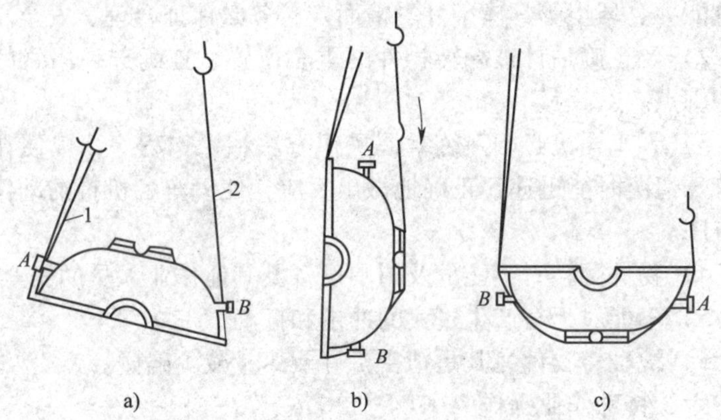

图4—11　物件翻转180°的操作方法

a）主钩起升　b）翻转90°　c）翻转180°

绑缚物件时，用两套较长的吊索（其长度以能穿过物件底部并绕过物件为宜）同时吊挂于图4—11a中的A点和B点，吊索1绕过物件的底部并兜住物件后吊挂在主钩上，吊索2挂在副钩上，但吊索2必须套在吊索1的绳套内侧，以防止物件翻转时吊索2脱落。然后两钩同时起吊，使物件离开地面0.3～0.5 m后，副钩停止而继续提升主钩，此时物件将在空中绕 B 端逐渐向上翻转。为使 B 端始终保持距离地面 0.3 ~0.5 m 的距离，在主钩提升的同时继续降落副钩。注意主、副钩的升、降动作一定要平稳而缓慢，保持协调，如图 4—11b 所示。当物件翻转程度达到 90°时，副钩应连续慢速下降，主钩继续上升，以防止物件碰撞地面。当物件翻转程度超过 90°后，物件上部则依靠在副钩的吊索上，随着副钩的下降，物件的 A 端就绕 B 端顺时针方向转动，直至达到 180°完成翻转，如图 4—11c 所示。为防止在翻转过程中钢丝绳缠绕在一起，应注意不要使物件发生垂直方向的旋转。

翻转物件时应注意以下事项：

1）确定物件吊运、翻转方案时，一定要根据被翻转物件的形状、质量、结构特点和翻转程度的要求，结合现场起重设备的起重能力、环境等具体条件酌情而定，务必保证合理、安全。

2）要正确估计被翻转物件的重心位置，正确选择吊索的挂点和绑点。

3）天车司机必须熟练掌握操作方法和操作程序，以便在遇到特殊情况时能迅速、正确地做出反应，使天车各机构的动作协调有序。

4）物件翻转时不能危及周围设备及其他作业人员的安全。

5）不能对天车产生过大的冲击和振动。

6）被翻转物件尤其是精密机件要尽量减少磕碰。

六、特殊作业操作

1. 用两台天车共同吊运同一物件的操作

在生产过程中，有时会遇到被吊物件的质量超过天车的额定起重量、被吊物件的长度过大或者被吊物件发生变形等情况。在现场条件允许、方法得当、确保安全的前提下，可以考虑用两台天车协同吊运的方案。具体要求如下：

（1）使用两台天车吊运同一物件时，两台天车的额定起重量之和必须大于被吊运物件的质量。若使用平衡梁，也必须满足下列要求，即：

$$G_{物} + G_{梁} \leqslant Q_1 + Q_2$$

式中　$G_{物}$——被吊物件质量，t；

$G_{梁}$——平衡梁质量，t；

Q_1和Q_2——两台天车的额定起重量，t。

平衡梁必须具有足够的强度和刚度，以防止吊运时产生变形或颤动而影响两台天车的载荷分配。

（2）用两台天车同时吊运同一个物件时，必须由生产、设备及安全技术部门的相关人员共同确定吊运方案和操作程序。

（3）起吊方案确定之后，还必须再次明确天车司机和地面指挥人员的联系方式和指挥信号。执行操作过程中必须有专门人员指挥。要明确其他作业人员的具体任务，保证各负其责，以防止操作程序混乱。此外，还要指派安全督察人员进行现场安全督察。

（4）吊运操作之前，要对两台天车的机械、电气和金属结构进行全面检查，特别是起升机构的吊钩、钢丝绳及制动器等应进行重点检查，任何有缺陷的机具都不允许使用。

（5）若使用平衡梁，应在正式吊运之前先对平衡梁进行协调性试验，例如，同时开动两台天车的相同机构，测量两台天车工作速度的差异，进而确定两台天车的各自挡位，力求两台天车同速或接近同速。如果两台天车的工作速度差异较大，可预先确定断续工作方案，加强协调性配合演练，以防止吊运过程中因发生不协调动作而酿成事故。

（6）检查制动器的可靠性。可以同时开动两台天车的起升机构慢速起吊，但吊运高度一般以不超过200 mm为宜。然后下降并制动，以检查制动器工作的可靠性。确认无任何问题后方能正式起吊。

（7）两台天车在吊运过程中，只能同时开动相同的机构，即不允许一台天车开动起升机构，而另一台天车开动运行机构；

否则会造成动作失调而发生事故。另外，还要特别指出，各机构在工作中都应以最慢的速度工作，以求稳定，缩小不同机构速度的差异。严禁快速起动和开快车。

（8）天车司机在操作过程中要时刻注意被吊运物件的平衡情况，注意地面指挥人员的指令，注意调整各工作机构的工作速度。两台天车的起动和制动要力求平稳，尽量避免由于加速或减速时间过短，引起惯性力过大而对天车造成过大的冲击。

2. 吊运危险物件的操作

危险物件是指易燃、易爆、金属液或精密机械等物件。这类物件如果在操作过程中发生碰撞或坠落，其危害性往往很大。所以为避免在吊运过程中发生事故，首要问题是确保安全，因此，天车司机必须严格遵守以下几点操作规程和操作要领：

（1）操作人员要熟悉吊、运、落的全过程，理解每个环节的动作要求和彼此的衔接关系。

（2）吊运金属液时，吊包不能装得太满，一般以吊包容积的85%～90%为宜，以防止大车和小车起动或制动时，因金属液溢出而烫伤其他人员或损坏其他设备；其次要在吊钩上安装保险卡或防脱钩装置，防止吊包在运输和倾翻过程中发生脱钩坠落事故。

（3）对于吊运金属液的天车，吊钩要有隔热装置，以防止金属液烘烤吊钩和钢丝绳，使金属零部件发生退火或润滑脂干涸而降低刚度和强度。一般应在吊钩组下半部分安装隔板或者使用长柄吊钩。

（4）吊运前，首先要进行试吊。具体做法是：将物件慢速提升至离地面200 mm左右的距离，然后下降并制动，以便于检验制动机构的可靠性，在重物下滑距离不超过100 mm时，才能进行正式吊运。

（5）起动、运行和制动都要平稳，严防吊包发生摇摆而导致金属液外溅。严禁从人上方通过。

（6）操作过程中精力要高度集中，严禁同时开动两种机构。例如，开动起升机构的同时又开动大车或小车，以免精力分散而产生误操作。

3. 特殊情况下的吊运

特殊情况下的吊运是指天车司机视线模糊或完全看不见的情况下的吊运操作。例如，被吊运的设备体积庞大，在增加工作难度的同时，还会造成视线阻隔。这种情况的最好解决措施就是安排足够的指挥人员传递指挥信号。每个指挥人员应把指令和要求准确地传达到天车司机视线所及的第一（或唯一）指挥人员，以保证能将指挥信号准确传达到位，避免发生误动作。

当需要在驾驶室的左、右两侧移动或吊运设备时，天车司机不仅要关注被起吊物件的状态，还要看清物件的吊运路线及落放点。为使吊运工作安全、顺利地进行，首先要确定清晰的吊运工艺路线，然后将物件垂直吊起至需要的高度，开动小车至吊运通道，再开动大车沿吊运通道将吊物运抵落放点正前方，最后再开动小车把吊物运至落放点落下。

4. 大型、精密设备的吊运及安装

在生产过程中，会遇到吊运和安装大型、精密设备的情况，如机械加工车间的大型工件的装夹、轧钢车间的大型轧辊的装拆、发电或动力车间的发电机和电动机转子的拆装等。进行这方面的吊装作业时，还要求天车司机对装、夹、拆、换的具体工艺过程有一定的了解，以便能准确领会指挥人员发出的每一个指令，同时也能悟出一些吊运和安装过程中操作要领的内涵，从而使操作变得更加得心应手。当然，被吊运物件的形状不同、质量分布不均匀，在实施吊运时要注意保持物件的平衡状态，可以参照下列方法进行吊运。

（1）用绳扣调节平衡的吊装方法。长度较大但形状简单的轴进行水平吊运时，可以用等长或不等长的绳扣进行吊运。如果被吊物件的质量分布比较均匀，可以用等长绳扣绑缚被吊物件。

所谓等长绳扣是指吊运时用两个长度一样的钢丝绳圈分别套在被吊物件的两端，绳扣的另一端挂在吊钩上。采用这种方法时钢丝绳不会在吊钩上滑动，从而可以保证被吊物件始终保持水平状态。这种方法简便易行，所以被广泛采用。

倘若被吊物件的质量分布不均匀，上下或左右差异较大时，可以用不等长绳扣进行水平吊装，如图 4—12 所示。

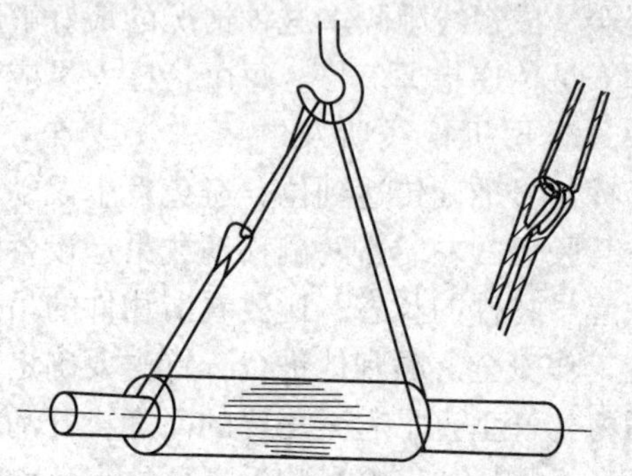

图 4—12　不等长绳扣的吊装

具体方法是：将短绳扣套在大轴的一端，再把长绳扣的一端挂在吊钩上，另一端绕过大轴的另一端后在吊钩上缠绕几圈，随后再从短绳扣中穿过，然后挂在吊钩上。吊物的水平程度取决于缠绕在吊钩上的钢丝绳的圈数。

对于形状复杂的吊件，吊运前必须对物件的形状进行分析，找出物件的重心。然后根据物件的重心位置，选择适当的吊点，用钢丝绳系住，以便保持被吊物件的平衡，如图 4—13 所示为弯管的吊装。最后根据试吊结果，反复调整绳扣和吊点，直到合适为止。

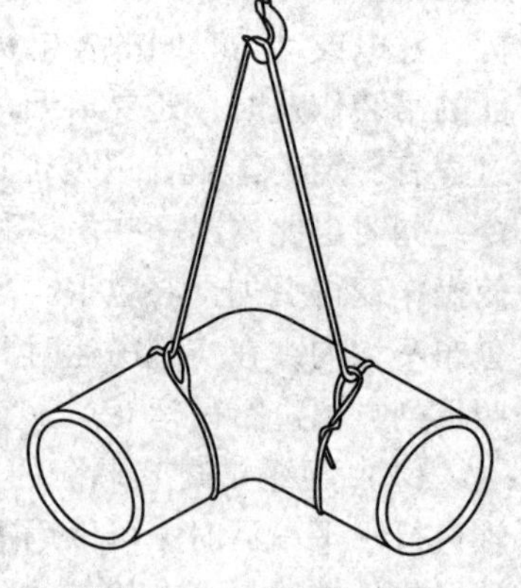

图 4—13　弯管的吊装

（2）用手动葫芦调节平衡的

吊装方法。在一些装配工作中，有些机件必须保持精确的水平位置才能准确地装配，这种情况最稳妥的方法通常是采用手动葫芦来调整机件的平衡位置，如图 4—14 所示。

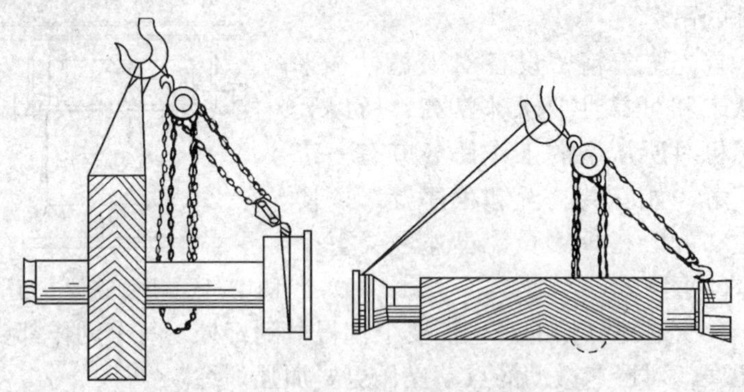

图 4—14　用手动葫芦调整机件的平衡位置

调节时，将质量集中的一段用钢丝绳系住，挂在吊钩上。另一段用手动葫芦挂住，然后根据平衡需求调整手动葫芦，直到达到需要的平衡状态为止。这种方法可以实现精细的微调效果，简单方便，安全可靠。

（3）用平衡梁的吊装方法。大型精密设备，如电动机转子、发动机曲轴等，吊装时既要保持机件的平衡，又要保证机件不被钢丝绳损坏，一般采用平衡梁进行吊装，如图 4—15 所示。

吊装时先将平衡梁挂在吊钩上，然后用钢丝绳系挂在被吊物件的重心附近，再挂在平衡梁的小钩上。经试吊调整好平衡位置后即可吊运。

平衡梁的特点是：可以减小钢丝绳倾斜产生的水平分力；能改变设备吊耳的受力状况，不至于使设备发生变形；可以缩短吊索长度，减少捆绑时间，提高生产效率。由于被吊物件的大小、形状不同，所以平衡梁的形状、结构也要有所不同。要根据物件的具体情况设计或选择合适的平衡梁。

上述都是为了在吊运过程中保持被吊物件在空中的平衡状态

所采用的几种方法。除此之外，天车司机还必须在操作时注意以下几个方面的操作要领，才能很好地完成特殊物件的吊运。

首先鉴于精密设备对平稳性、平衡状态和可靠性要求非常高，所以天车司机对所从事的工作任务应有一定的了解，如安装、拆卸程序等。以便能主动配合指挥人员，迅速领会每个指令的意图。

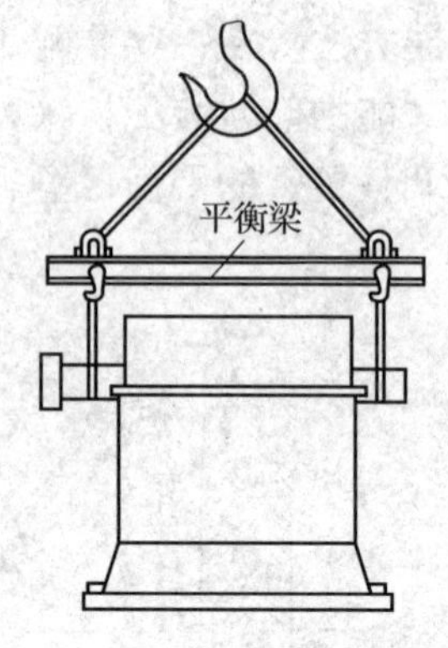

图 4—15　用平衡梁进行吊装

其次是对操作的平稳性要把握得恰到好处，每个动作都要准确无误，对慢速微动的点动操作更要加强训练。

再次就是对机件的捆绑、吊点的选择应谨慎，必要时应进行试吊，以保证物件的运行和安装状态满足拆卸和安装的要求。

模块三　天车指挥信号

一、通用手势信号

因作业现场声音嘈杂，天车司机不容易听清地面人员的口令，或者因口音不准易产生误解等原因，天车作业应使用通用的手势信号。要使天车司机与指挥人员达到密切配合、互相协调的程度，必须熟知通用手势信号。天车司机必须按指挥者发出的指挥信号进行操作。国家标准《起重吊运指挥信号》（GB 5082—85）规定如下：

1. “预备”（注意）——手臂伸直，置于头上方，五指自然伸开，手心朝前保持不动，如图 4—16 所示。

2. “要主钩”——单手自然握拳，置于头上，轻触头顶，如图 4—17 所示。

图 4—16　预备　　　　图 4—17　要主钩

3．“要副钩”——一只手握拳，小臂向上不动；另一只手伸出，手心轻触前只手的肘关节，如图 4—18 所示。

4．“吊钩上升”——小臂向侧上方伸直，五指自然伸开，高于肩部，以腕部为轴转动，如图 4—19 所示。

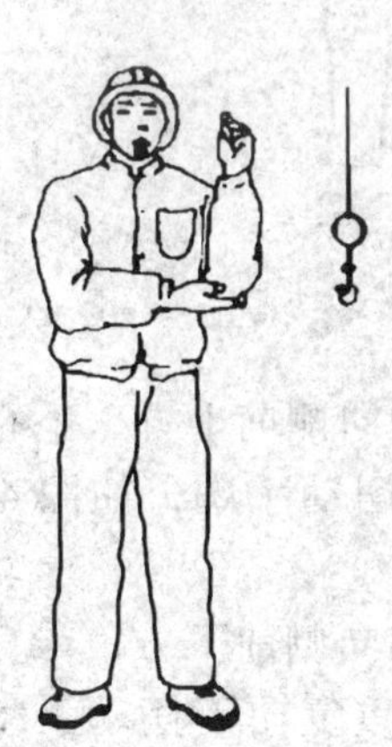

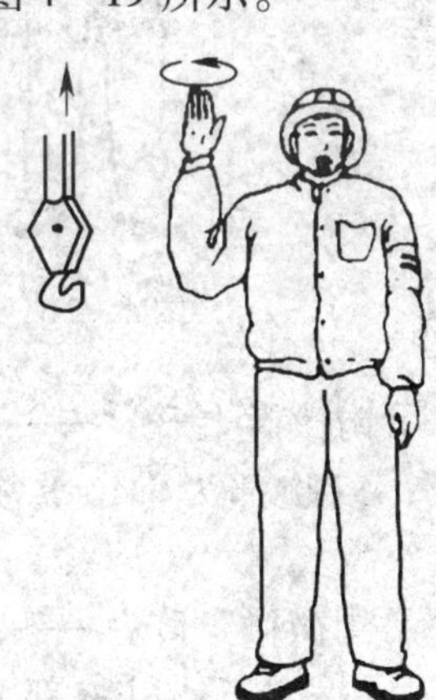

图 4—18　要副钩　　　　图 4—19　吊钩上升

5. “吊钩下降”——手臂伸向侧前下方，与身体夹角约为30°，五指自然伸开，以腕部为轴转动，如图4—20所示。

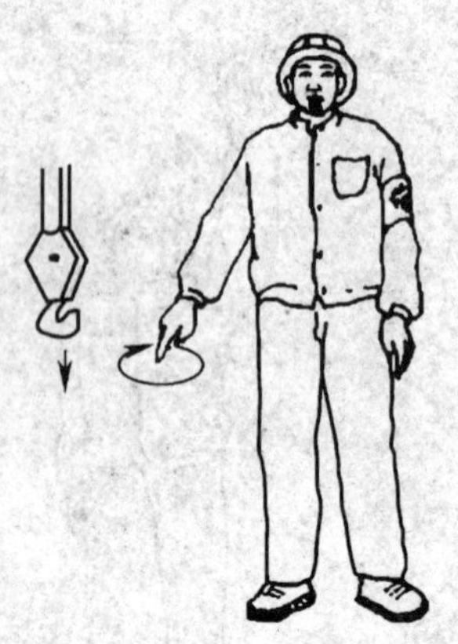

图4—20　吊钩下降

6. “吊钩水平移动”——小臂向侧上方伸直，五指并拢，手心朝外，朝负载应运行的方向向下挥动小臂，到与肩相平的位置，如图4—21所示。

7. “吊钩水平微微移动”——小臂向侧上方自然伸出，五指并拢，手心朝外，朝负载应运行的方向重复做缓慢的水平运动，如图4—22所示。

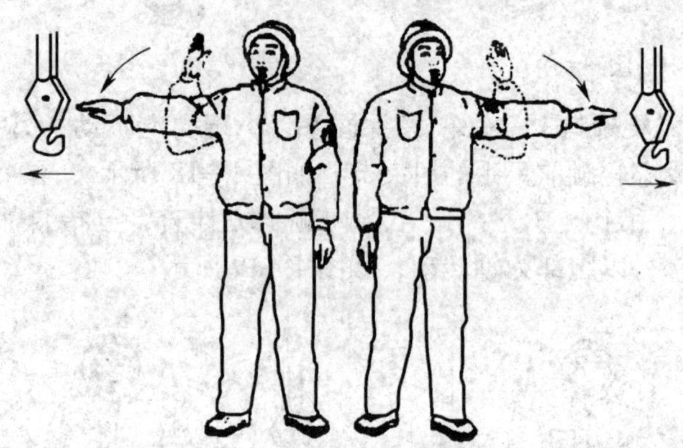

图4—21　吊钩水平移动

8. “吊钩微微上升”——小臂伸向侧前上方，手心朝上并高于肩部，以腕部为轴，重复向上摆动手掌，如图4—23所示。

9. “吊钩微微下降”——手臂伸向侧前下方，与身体夹角约为30°，手心朝下，以腕部为轴，重复向下摆动手掌，如图4—24所示。

图 4—22 吊钩水平微微移动

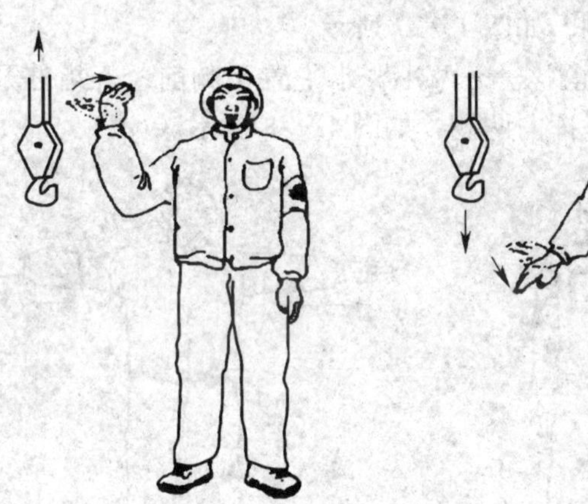

图 4—23 吊钩微微上升　　图 4—24 吊钩微微下降

10. “微动范围”——双小臂曲起，伸向一侧，手心相对，其间距与负载所要移动的距离接近，如图 4—25 所示。

11. “指示降落方向”——五指伸直，指出负载应降落的位置，如图 4—26 所示。

图 4—25　微动范围

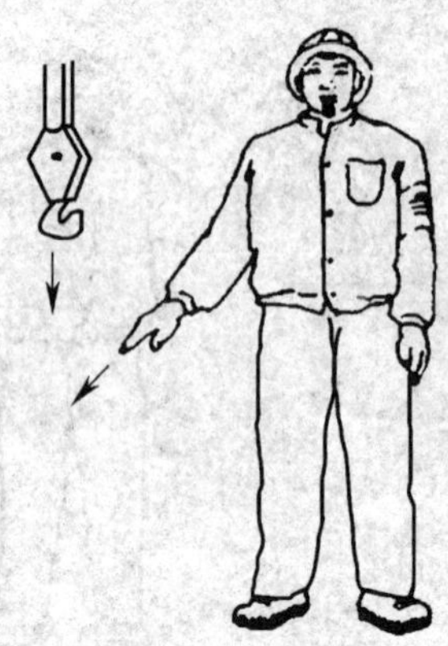

图 4—26　指示降落方位

12. “停止”——小臂水平置于胸前，五指伸开，手心朝下，水平挥向一侧，如图 4—27 所示。

13. “紧急停止”——两小臂水平置于胸前，五指伸开，手心朝下，同时水平挥向两侧，如图 4—28 所示。

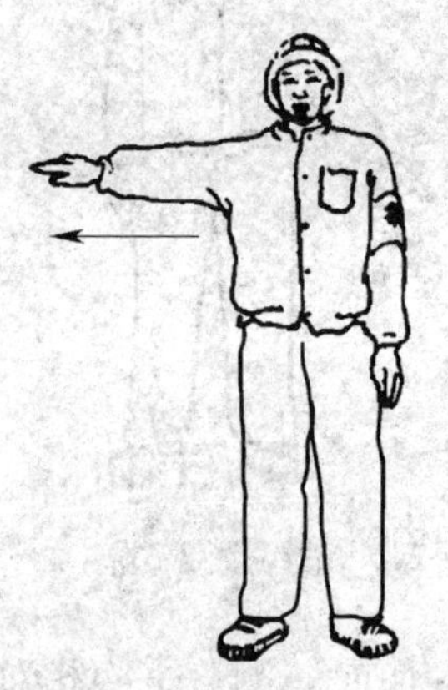

图 4—27　停止

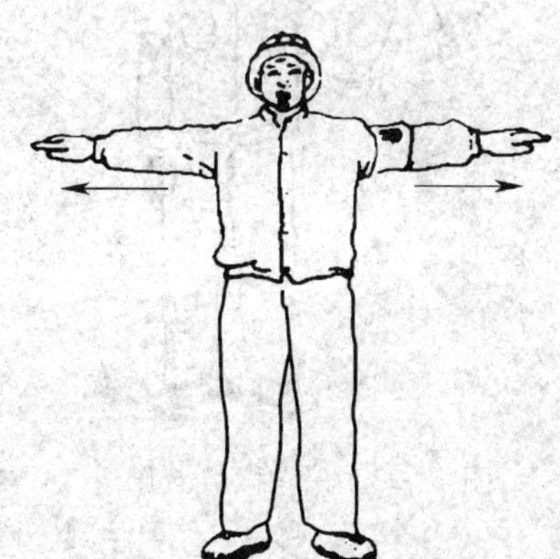

图 4—28　紧急停止

14. “工作结束”——双手五指伸开，在额前交叉，如图 4—29 所示。

二、专用手势信号

1．“升臂”——手臂向一侧水平伸直，拇指朝上，其余四指握拢，小臂向上摆动，如图 4—30 所示。

图 4—29　工作结束　　　　图 4—30　升臂

2．“降臂”——手臂向一侧水平伸直，拇指朝下，其余四指握拢，小臂向下摆动，如图 4—31 所示。

3．“转臂”——手臂水平伸直，指向应转臂的方向，拇指伸出，其余四指握拢，以腕部为轴转动，如图 4—32 所示。

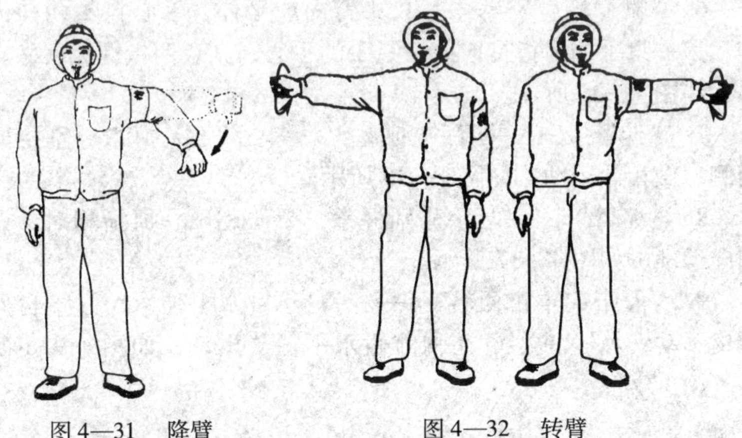

图 4—31　降臂　　　　图 4—32　转臂

4．“微微升臂”——一只小臂置于胸前一侧，五指伸直，手心朝下，保持不动；另一只手的拇指对着前一只手的手心，其余四指握拢，做上下移动，如图 4—33 所示。

5．“微微降臂”——一只小臂置于胸前一侧，五指伸直，手心朝上，保持不动；另一只手的拇指对着前一只手的手心，其余四指握拢，做上下移动，如图 4—34 所示。

图 4—33　微微升臂

图 4—34　微微降臂

6．“微微转臂”——一只小臂向前平伸，手心自然朝向内侧；另一只手的拇指指向前一只手的手心，其余四指握拢后做转动，如图 4—35 所示。

7．“伸臂”——两手分别握拳，拳心朝上，拇指分别指向两侧，做相斥运动，如图 4—36 所示。

8．“缩臂”——两手分别握拳，拳心朝下，拇指相对，做相向运动，如图 4—37 所示。

9．“履带起重机回转”——一只小臂水平伸直，五指自然伸出不动；另一只小臂在胸前做水平往复运动，如图 4—38 所示。

图 4—35　微微转臂

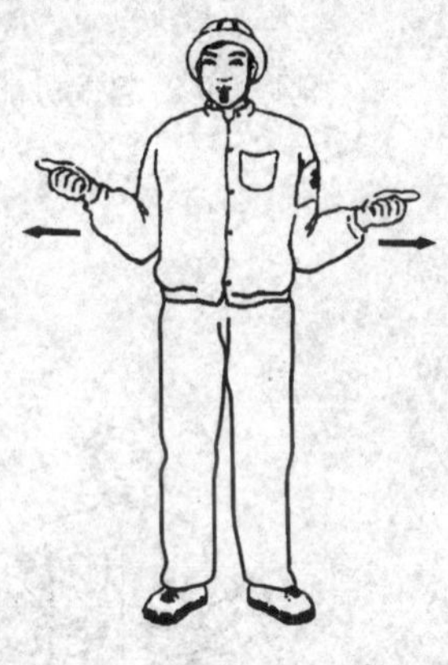

图 4—36　伸臂

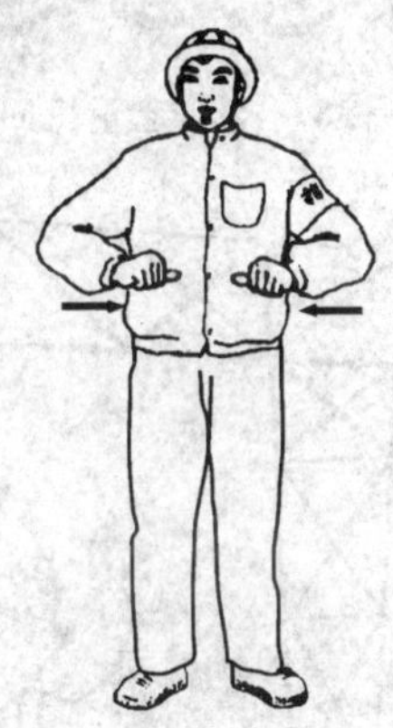

图 4—37　缩臂

10. “起重机前进”——两只小臂先向前伸，小臂曲起，五指并拢，手心对着自己，做前后运动，如图 4—39 所示。

11. “起重机后退”——两只小臂向上曲起，五指并拢，手心朝向起重机，做前后运动，如图 4—40 所示。

12. “抓取”——两只小臂分别置于侧前方，手心相对，由两侧向中间摆动，如图 4—41 所示。

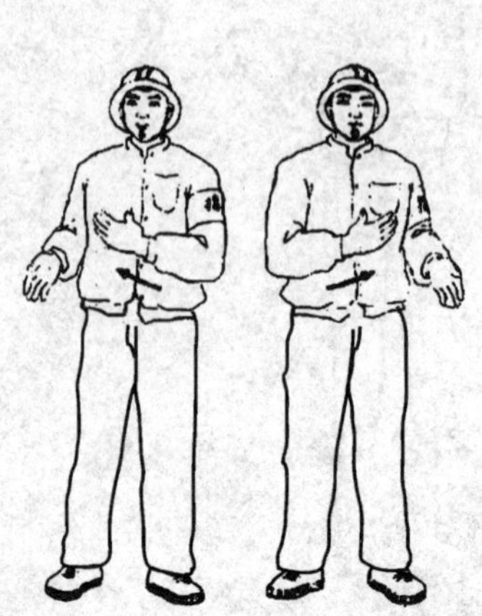
图 4—38　履带起重机回转

图 4—39　起重机前进

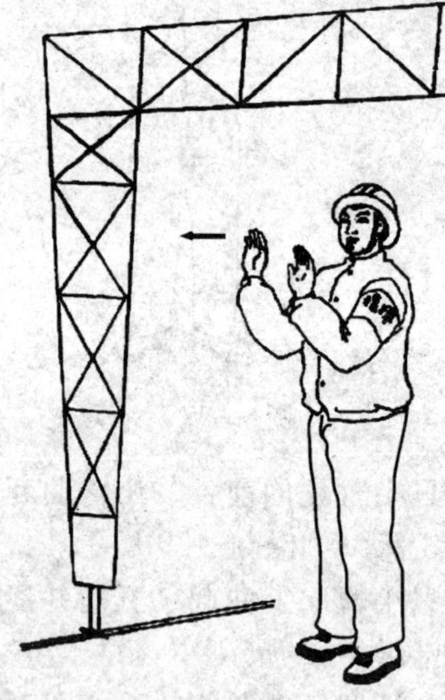
图 4—40　起重机后退

图 4—41　抓取

13．“释放”——两只小臂分别置于侧前方，手心朝外，两臂分别向两侧摆动，如图 4—42 所示。

14．“翻转”——一只小臂向前曲起，手心朝上；另一只小臂向前伸出，手心朝下，双手同时进行翻转，如图 4—43 所示。

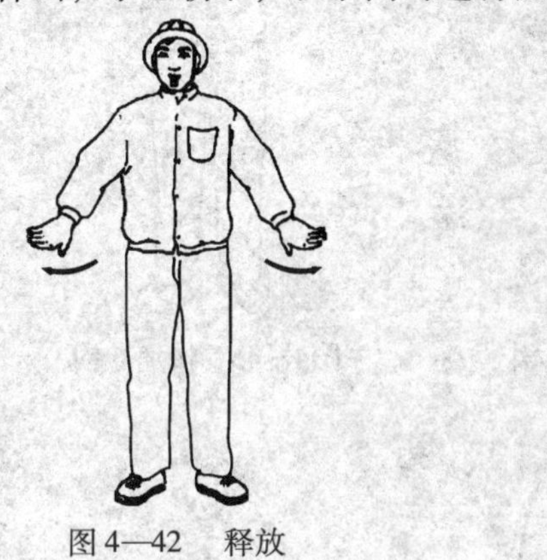

图 4—42　释放　　图 4—43　翻转

三、船用起重机（或双机吊运）专用手势信号

1．“微速起钩”——两只小臂水平伸向侧前方，五指伸开，手心朝上，以腕部为轴向上摆动。当要求双机以不同的速度起升时，用于指挥起升速度快的一方的那只手要高于另一只手，如图 4—44 所示。

2．“慢速起钩”——两只小臂水平伸向侧前方，五指伸开，手心朝上，小臂以肘部为轴向上摆动。当要求双机以不同速度起升时，用于指挥起升速度快的一方的那只手要高于另一只手，如图 4—45 所示。

3．“全速起钩”——两臂下垂，五指伸开，手心朝上，全臂向上挥动，如图 4—46 所示。

4．“微速落钩”——两只小臂水平伸向侧前方，五指伸开，手心朝下，手以腕部为轴向下摆动。当要求双机以不同的速度降落时，用于指挥降落速度快的一方的那只手要低于另一只手，如图 4—47 所示。

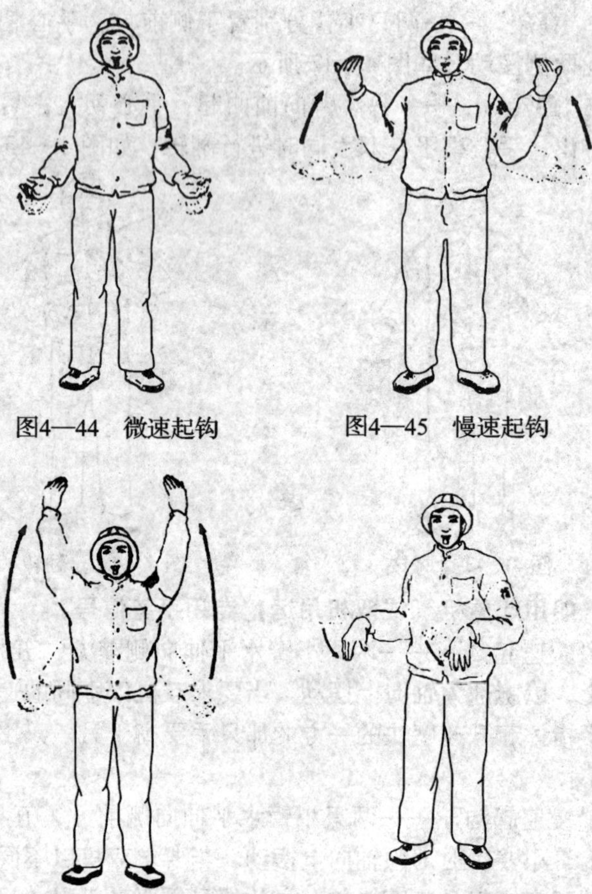

图4—44　微速起钩　　图4—45　慢速起钩

图4—46　全速起钩　　图4—47　微速落钩

5. “慢速落钩”——两只小臂水平伸向侧前方，五指伸开，手心朝下，手以肘部为轴向下摆动。当要求双机以不同的速度降落时，用于指挥降落速度快的一方的那只手要低于另一只手，如图4—48所示。

6. “全速落钩”——两臂伸向侧上方，五指伸出，手心向下，全臂向下挥动，如图4—49所示。

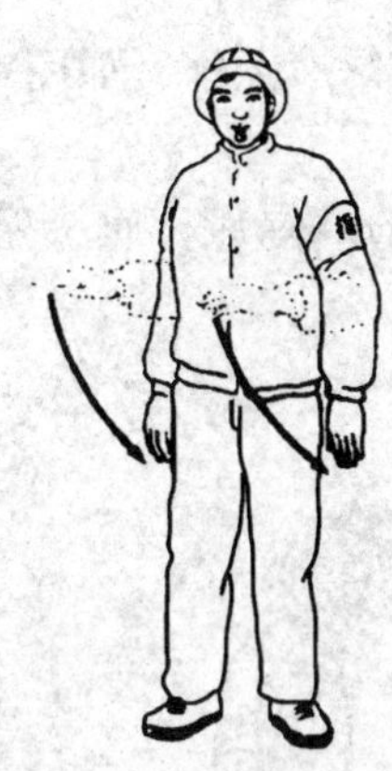

图 4—48　慢速落钩

图 4—49　全速落钩

7. “一方停止，一方起钩”——用于指挥停止的手臂侧平举，手心向下不动，做“停止”手势。用于指挥起钩的手臂做相应速度的起钩手势，如图 4—50 所示。

8. “一方停止，一方落钩”——用于指挥停止的手臂侧平举，手心向下不动，做“停止”手势。用于指挥落钩的手臂做相应速度的落钩手势，如图 4—51 所示。

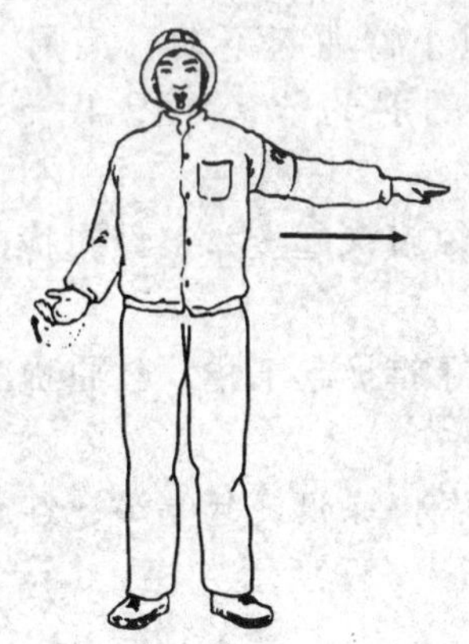

图 4—50　一方停止，一方起钩

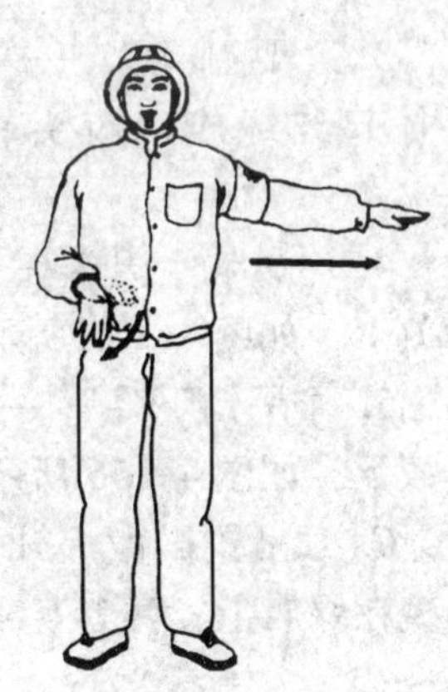

图 4—51　一方停止，一方落钩

四、旗语信号

1. “预备”——指挥者单手持拢起的红绿旗上举，如图 4—52 所示。

2. “要主钩”——指挥者单手持拢起的红绿旗，旗头轻触头顶，如图 4—53 所示。

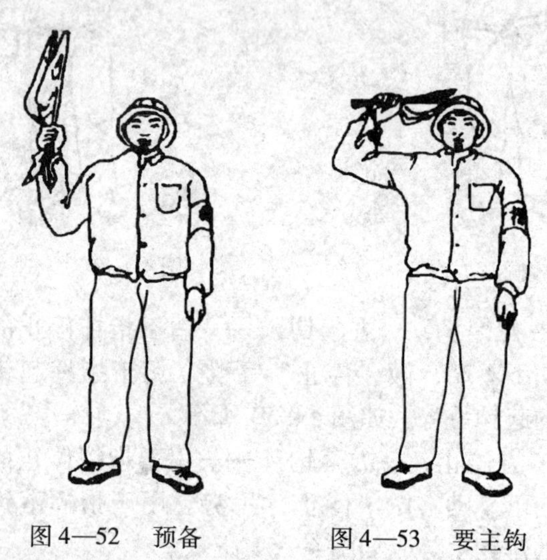

图 4—52 预备　　图 4—53 要主钩

3. “要副钩”——指挥者一只小臂曲起不动，用另一只手拢起红绿旗，旗头轻触前只手的肘关节，如图 4—54 所示。

4. “吊钩上升”——指挥者将绿旗拢起上举，红旗拢起自然放下，如图 4—55 所示。

5. “吊钩下降”——指挥者将绿旗拢起下指，红旗拢起自然放下，如图 4—56 所示。

6. “吊钩微微上升”——指挥者将绿旗拢起上举，红旗拢起横在绿旗上，两者互相垂直，如图 4—57 所示。

图 4—54　要副钩

图 4—55　吊钩上升

图 4—56　吊钩下降

图 4—57　吊钩微微上升

7. “吊钩微微下降”——指挥者将绿旗拢起下指，红旗拢起横在绿旗下，两者互相垂直，如图 4—58 所示。

8. “升臂”——指挥者将红旗拢起上举，绿旗拢起自然放下，如图 4—59 所示。

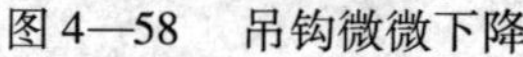

图 4—58　吊钩微微下降

图 4—59　升臂

9. “降臂”——指挥者将红旗拢起下指，绿旗拢起自然放下，如图 4—60 所示。

10. “转臂”——指挥者将红旗拢起水平指向应转臂的方向，绿旗拢起自然放下，如图 4—61 所示。

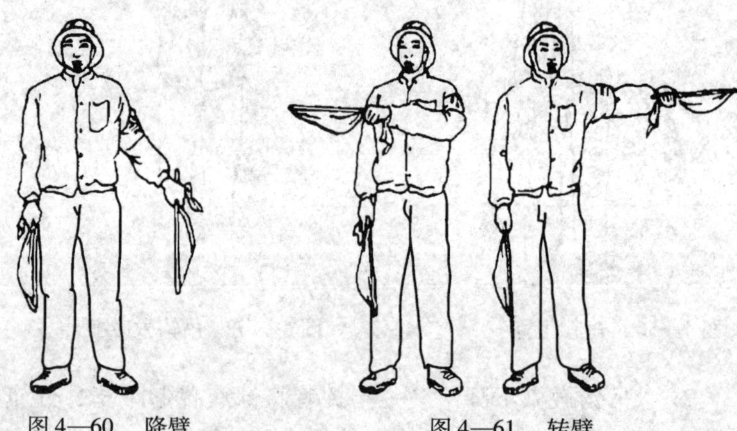

图 4—60　降臂

图 4—61　转臂

11. “微微升臂”——指挥者将红旗拢起上举，绿旗拢起横在红旗上，两者互相垂直，如图 4—62 所示。

12. “微微降臂”——指挥者将红旗拢起下指，绿旗拢起横在红旗下，两者互相垂直，如图 4—63 所示。

图 4—62　微微升臂

图 4—63　微微降臂

13. “微微转臂”——指挥者将红旗拢起横在腰间并指向应转臂的方向，绿旗拢起横在红旗前，两者互相垂直，如图 4—64 所示。

图 4—64　微微转臂

14. “伸臂”——指挥者将两旗分别拢起横在胸前两侧，旗头往外指，如图 4—65 所示。

15. “缩臂”——指挥者将两旗分别拢起横在胸前，旗头对指，如图 4—66 所示。

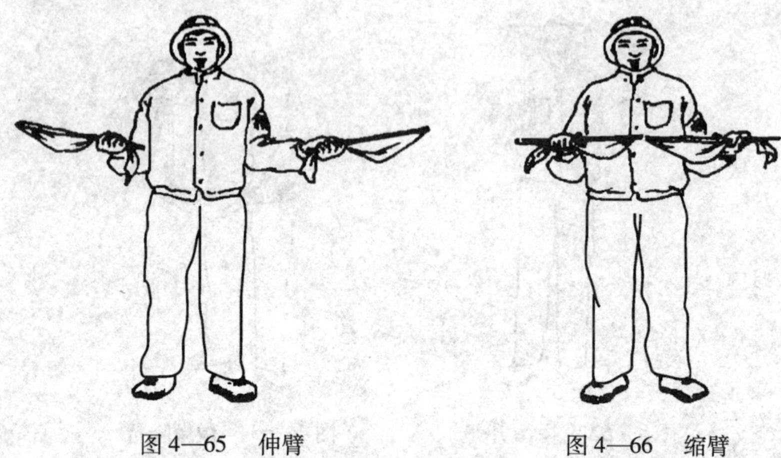

图 4—65 伸臂　　图 4—66 缩臂

16. “微动范围”——指挥者将两旗分别拢起伸向一侧，两旗间距与负载所要移动的距离接近，如图 4—67 所示。

17. “指示降落方位”——指挥者用单手拢起绿旗指向负载应降落的位置，旗头进行转动，红旗拢起自然放下，如图 4—68 所示。

图 4—67 微动范围　　图 4—68 指示降落方位

18．“履带起重机回转”——指挥者用一只手拢旗水平指向侧前方，另一只手持旗，水平重复指挥，如图 4—69 所示。

图 4—69　履带起重机回转

19．“起重机前进”——指挥者将两旗分别拢起，向前上方伸出，旗头由前上方向后摆动，如图 4—70 所示。

20．“起重机后退”——指挥者将两旗分别拢起向前伸出，旗头由前方向下摆动，如图 4—71 所示。

图 4—70　起重机前进

图 4—71　起重机后退

21. “停止”——指挥者将单旗左右摆动，另外一面旗拢起自然放下，如图 4—72 所示。

图 4—72　停止

22. “紧急停止”——指挥者用双手分别持旗，同时左右摆动，如图 4—73 所示。

23. “工作结束”——指挥者将两旗拢起，在额前交叉，如图 4—74 所示。

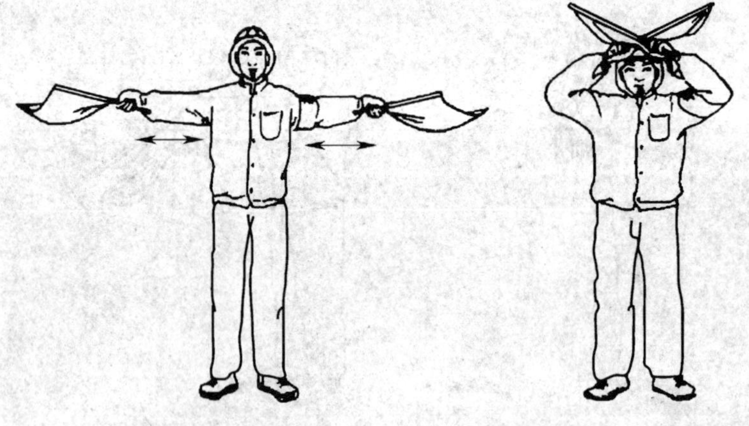

图 4—73　紧急停止　　图 4—74　工作结束

五、指挥吊钩移动的规范语言

在声音不太嘈杂的场所，使用语言沟通会更加便捷。规范的语言不会使司机产生歧义，简练的语言会使讲各种方言的人都容易掌握。因此，为指挥吊钩移动，有必要规定一些言简意赅的口令式的规范语言，见表 4—1，供天车司机或指挥天车工作的人员学习并熟记。

表 4—1　　指挥吊钩移动的规范语言

吊钩的移动	指挥语言
正常上升	上升
微微上升	上升一点
正常下降	下降
微微下降	下降一点
正常向前	向前
微微向前	向前一点
正常向后	向后
微微向后	向后一点
正常向右	向右
微微向右	向右一点
正常向左	向左
微微向左	向左一点

六、安全标志

安全标志是一种形象的安全信息语言，它能及时引起人们对物体或危险环境的注意。天车司机在作业中经常会看到被吊物件或设备的包装箱上涂有各种图形，这些图形就是起重或运输的安全标志。在包装箱上涂画安全标志的目的是为了保护物件或设备，提醒或警告司机或挂钩人员必须采取相应的安全措施，避免在操作过程中发生设备或人身事故。天车司机必须熟悉与起重作业有关的各种安全标志。常见的安全标志如下：

1. 重心标志

重心标志表示物件或设备的重心位置。起吊时，应使吊钩的垂线通过重心，以保证物件或设备平稳，勿使其倾斜，重心标志如图 4—75 所示。

2. 堆码极限标志

堆码极限标志表示物体在重叠堆放时的极限高度，如图 4—76 所示为堆码层数极限标志。

图 4—75　重心标志

图 4—76　堆码层数极限标志

3. 禁止用手钩标志

禁止用手钩标志表示在物件的起重或运输过程中，禁止用吊钩或其他铁钩直接钩住物件，如图 4—77 所示。

图 4—77　禁止用手钩标志

4. 怕热标志

怕热标志表示物品怕热。因此在吊运及堆放时应注意，避免使物品因受热而引起损坏或发生事故。怕热标志如图 4—78 所示。

5．温度极限标志

温度极限标志表示某种物品在吊运及堆放时，其最高温度不能超过此规定极限，如图 4—79 所示。

图 4—78　怕热标志

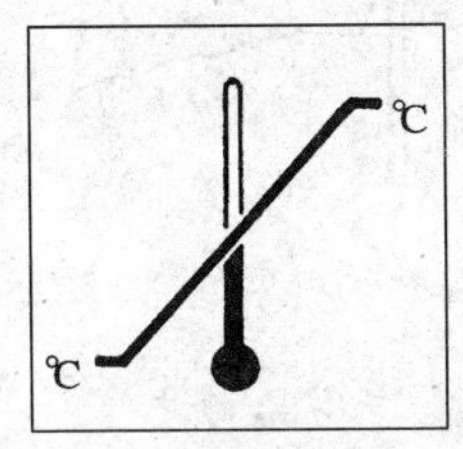

图 4—79　温度极限标志

6．起吊标志

起吊标志一般都涂刷在包装箱的起吊位置上，吊索应安放在标志所示处，如图 4—80 所示。

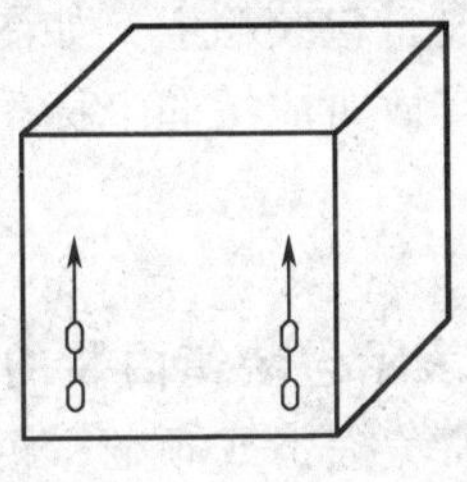

a)

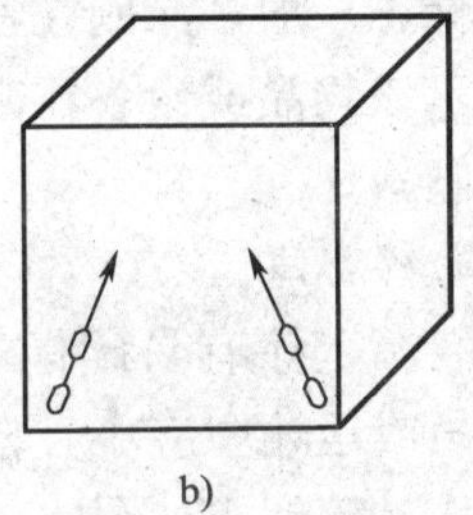

b)

图 4—80　起吊标志

a）吊索垂直安放　b）吊索倾斜安放

7．危险品标志

当遇到带有危险品标志时，天车司机应根据危险物品的种类采取安全的起吊方法，以确保物品和人身安全。危险品标志如图 4—81 所示。

8．有毒品标志（包括极毒品标志）

有毒品标志表示被起吊的物品是有毒物品或极毒物品。操作时，应根据有毒物品的种类采取相应的安全措施，以防止发生事故。有毒品标志如图 4—82 所示。

图 4—81　危险品标志

图 4—82　有毒品标志

9. 爆炸物品标志

爆炸物品标志表示被起吊的物品是易爆炸物品。作业时应特别小心，需采取必要的防范措施，防止物品在吊运过程中发生爆炸事故。爆炸物品标志如图 4—83 所示。

10. 向上标志

向上标志一般都涂刷在物品或设备包装箱上，如图 4—84 所示。它表示该物品或设备在起吊或存放时应按向上标志放置，不得倒置或倾斜。

11. 易碎标志

在包装箱上涂有易碎标志时，表示包装箱内装的是易碎物品。在起吊或运输中应小心轻放，避免撞击或倾翻；否则箱内物品将破碎。易碎标志如图 4—85 所示。

图 4—83　爆炸物品标志

图 4—84　向上标志

图 4—85　易碎标志

12. 防潮标志（包括防雨、防霜、防雪）

当在雨雪天起吊涂有防潮标志的物品或设备时，应做好防潮工作，防止雨雪淋湿物品，如在包装箱上盖油毡、油布等；当将物品或设备存放在室外时，应采取防潮措施。防潮标志如图 4—86 所示。

13. 自燃物品标志

在包装箱上涂刷有自燃物品标志时，它表示该物品在一定的条件下会发生自燃。因此，在吊运时应首先清楚地了解物品的特性，然后采取相应的安全措施，才能进行作业。自燃物品标志如图 4—87 所示。

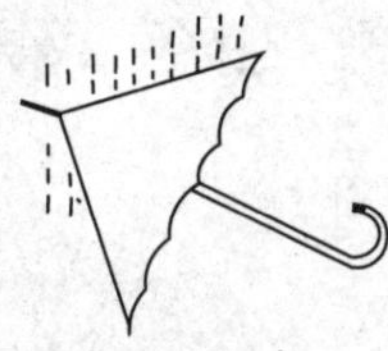

图 4—86　防潮标志

图 4—87　自燃物品标志

第五单元　天车的安装、架设及运行调试

培训目标

1. 了解天车安装的相关技术要求。
2. 了解天车的架设过程。
3. 掌握天车试运行的项目和技术要求。

模块一　安　　装

天车安装质量的好坏，对天车的使用性能、寿命长短以及安全可靠性意义非常重大。而天车司机是天车的使用者和维护者，负有检查与验收的责任，详细地了解天车的基本结构、安装方法、技术要求和工作原理，对天车的驾驶有积极的意义。

安装工作进行之前，应将相关的技术资料备齐，如图样和说明书等。各机构应进行必要的清洗和除锈。必要时对减速器、轴承箱或轴承部分要拆开清洗和更换润滑油。

由于天车设备比较庞大，一般很少能将整机运输到工作现场。所以，在架设之前都要在现场组装到一定程度才能进行架设。一般情况下，如果天车出厂时间不长，保存较好，只需要检查以下各机构的状况即可：如车轮转动的灵活性，传动轴的转动有否卡滞，各旋转部分是否灵活、自如等。若出厂时间较长，保管情况也不是很好时，则应该详细检查各机构的灵活性以及连接质量和紧固情况。必要时，应把减速器以及各轴承部分全部拆开清洗并换油，确认各零部件没有问题才能进行架设。天车的安装主要包括桥架、运行机构、减速器、传动轴、联轴器和电气设备

等的安装。

一、桥架的安装

桥架的主梁与端梁在连接前要先搭设一个台架，在台面上铺设轨道，轨道面应保持水平。然后把主梁和端梁按说明书中的技术要求在台架上连接。如果台面上不能铺设轨道，应使台架支撑在主梁的下盖板上，并要牢固。然后在端梁宽度的中心线上并在与小车轨道中心线等距离的 *A*，*B*，*C*，*D* 四点来测量桥架水平位置的数据，如图 5—1 所示。如果车轮踏面是锥形的，应使车轮轮缘与轨道侧面靠紧，以防止因窜动而影响桥架水平位置的准确性。

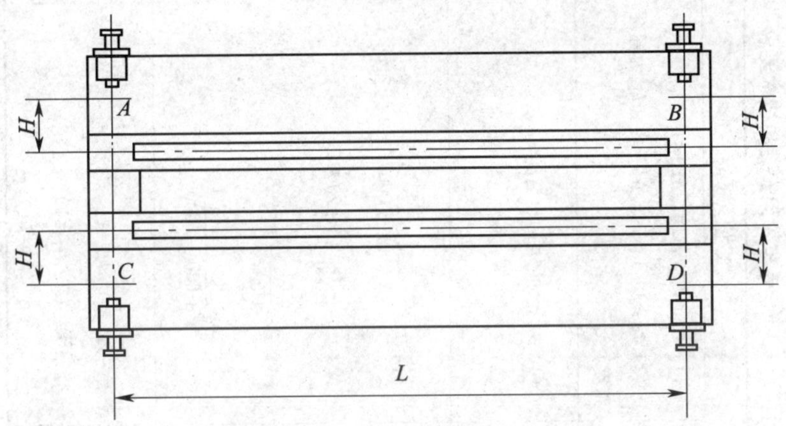

图 5—1 测量桥架水平位置的数据

天车桥架安装的技术要求见表 5—1。

二、联轴器的安装

对于分别驱动的大车运行机构，应在调整好车轮中心线和减速器后，再用联轴器和传动轴把减速器与电动机连接起来。安装联轴器时主要是控制齿轮的歪斜量以及内齿轮与外齿轮的轴向窜动量，联轴器安装的技术要求见表 5—2。

表 5—1 天车桥架安装的技术要求

序号	检查项目	数值（mm）	图示	备注
1	大车跨度差 $\Delta L_k = L_k - L_{k1}$ 或 $L_{k1} - L_k$	（1）$L_k \leqslant 19.5$ m 时，$\Delta L_k \leqslant 4$ （2）$L_k \geqslant 19.5$ m 时，$\Delta L_k \leqslant 6$（L_k 为标准跨度）	L_{k1} L_k L_{k2}	（2）为企业标准
2	主动轮与被动轮跨度差 $\Delta L_k = L_{k1} - L_{k2}$ $\Delta L_k = L_{k2} - L_{k1}$	（1）$L_k \leqslant 19.5$ m 时，$\Delta L_k \leqslant 4$ （2）$L_k \geqslant 19.5$ m 时，$\Delta L_k \leqslant 6$		（2）为企业标准
3	主梁上拱度 F	（1）$F = \left(\frac{1}{2\,000} \sim \frac{1}{5\,000}\right) L_k$ （2）$F = \frac{L_k}{1\,000}$（$1 \pm 20\%$） （3）$F = \frac{L_k}{1\,000}$（$1^{+0.000\,1}_{-0.000\,3}$） （4）$F = \frac{L_k}{1\,000} \pm \frac{L_k}{5\,000}$	F L_k	（1）为 1963 年以前的规定，轻级和中级天车取下限 （2），（3），（4）为 1963 年以后的规定
4	对角线差 $D_1 - D_2$，$D_2 - D_1$	箱形梁：$D_1 - D_2 \leqslant 5$ 桁架梁：$D_2 - D_1 \leqslant 10$	D_1 D_2	

续表

序号	检查项目	数值（mm）	图示	备注
5	主梁水平旁弯（走台与端梁安装后测量） f_1	对称箱形梁：$f_1 \leqslant \frac{L_k}{2\,000}$ 单腹板、偏轨箱形梁、桁架梁 $L_k \leqslant 16.5$ m 时，$f_1 \leqslant 5$ $L_k > 16.5$ m 时，$f_1 \leqslant \frac{L_k}{3\,000}$	f_1 L_k	带走台的箱形梁只允许向走台侧弯曲，其他无方向要求
6	主梁腹板波浪形 e	$e \leqslant 0.7\delta$（测量位置在稍低于腹板 1/2 高度以上） $e \leqslant 1.2\delta$（其余部位） δ——腹板厚度	e	用 1 m 规格的钢直尺测量
7	端梁水平旁弯 f_2	$f_2 \leqslant \frac{K}{2\,000}$ K——标准轮距	f_2 K	
8	端梁上拱度 λ_1	（1）$\lambda_1 \leqslant \frac{K}{1\,500}$ （2）$\lambda_1 = \frac{K}{1\,000}$（$1 \pm 0.3$）	λ_1 K	（2）为企业标准

续表

序号	检查项目	数值（mm）	图示	备注
9	车轮端面不垂直度 a	（1）$a\leqslant\frac{D}{500}$（对大车轮而言） （2）$a\leqslant\frac{D}{400}$（大、小车轮均可） D——车轮名义直径	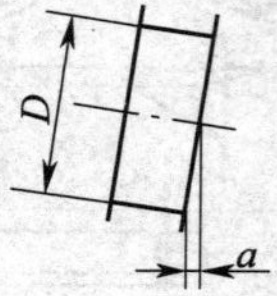	车轮只许向外倾斜 （2）为企业标准
10	车轮端面水平倾斜度 P	$P\leqslant\frac{D}{1\ 000}$	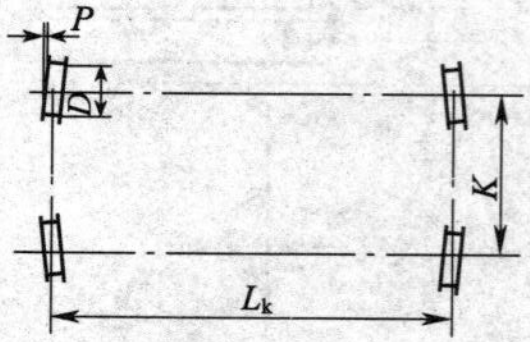	相对应的车轮不平行方向应相反
11	同一端梁下车轮的同位差 c	（1）$c\leqslant2$ （2）$c\leqslant3$	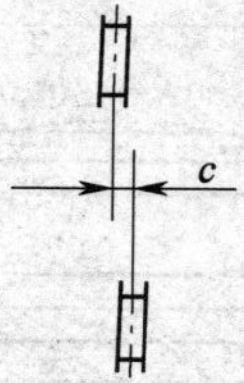	（2）为企业标准

续表

序号	检查项目	数值（mm）	图示	备注
12	同一端梁下的车轮中心高差 l_1	$l_1 \leqslant \frac{K}{2\ 000}$	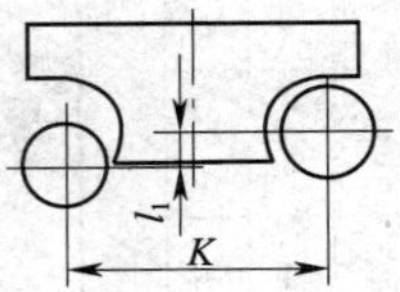	
13	同一主梁下的车轮中心的不同轴度 d	$d \leqslant \frac{L_k}{1\ 000}$	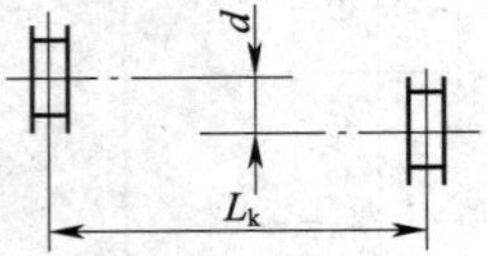	
14	同一端梁下的轮距差 ΔK $K-K_1$，K_1-K $K-K_2$，K_2-K	$K \leqslant 3.5$ m 时，$\Delta K \leqslant 3$ 3.5 m $< K <$ 5 m 时，$\Delta K \leqslant 4$ $K >$ 5 m 时，$\Delta K \leqslant 5$	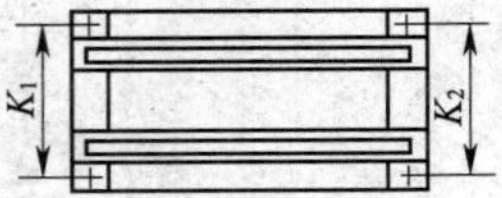	

表 5—2　　联轴器安装的技术要求　　mm

联轴器型号	1	2	3	4	5	6	7
齿轮外径	80	100	126	150	174	200	232
齿轮外径处的歪斜量	0. 69	0. 87	1. 10	1. 31	1. 52	1. 85	2. 02
窜动量	3～5	4～6	5～7	6～8			
联轴器型号	8	9	10	11	12	13	
齿轮外径	256	286	348	400	448	500	
齿轮外径处的歪斜量	2. 24	2. 52	3. 05	3. 51	3. 92	4. 39	
窜动量	6～8						

三、小车的安装

通常情况下，对于起重量不是很大的天车，小车都是在厂家整体安装完毕的。如果出厂时间不是很长，因为小车在出厂时各机构都已经经过调整和校验，所以检查一下外观及机构的灵活性，便可以直接吊落在桥架的小车轨道上。如果小车也是分体的或是新更换的，则必须按表 5—3 的技术要求进行安装。

表 5—3　　小车安装的技术要求

序号	检查项目	数值（mm）	图示
1	跨距差 $\Delta L = L - L_1$ $\Delta L = L - L_2$	$L \leqslant 2.5$ m 时，$\Delta L \leqslant 2$ $L > 2.5$ m 时，$\Delta L \leqslant 3$ L——标准跨距	L_1　L_2
2	主动轮和被动轮跨距差 $\Delta L = L_1 - L_2$ 或 $L_2 - L_1$	$L \leqslant 2.5$ m 时，$\Delta L \leqslant 3$ $L > 2.5$ m 时，$\Delta L \leqslant 5$	L_1　L_2

续表

序号	检查项目	数值（mm）	图示
3	对角线差 $\Delta D = D_3 - D_4$ 或 $D_4 - D_3$	$\Delta D \leqslant 3$	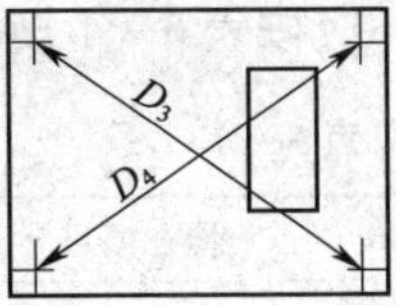 D_3 D_4
4	上平面横向倾斜度 f	$L \leqslant 2.5$ m 时，$f \leqslant 5$ $L > 2.5$ m 时，$f \leqslant 6$	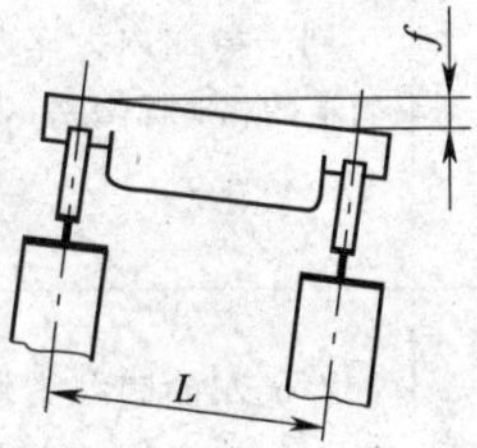 f L
5	同侧主动轮和被动轮 宽度中心线偏移量 c_1	$c_1 \leqslant 2$	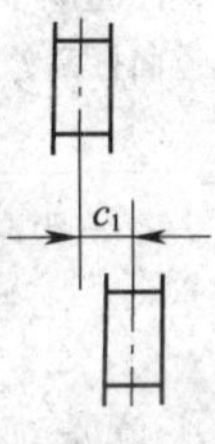 c_1
6	同侧车轮轴距差 $\Delta K = K_T - K_{T1}$ $\Delta K = K_T - K_{T2}$ K_T——标准轴距	$\Delta K \leqslant 2$	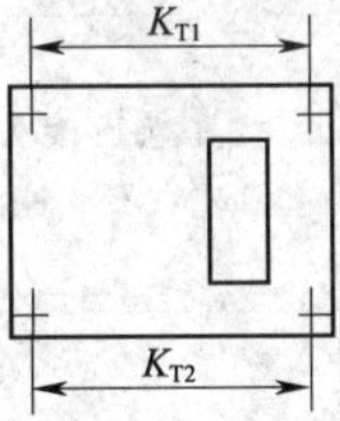 K_{T1} K_{T2}
7	大、小车轮直径差 $\Delta D = D - D_5$	$\Delta D \leqslant 0.005D$	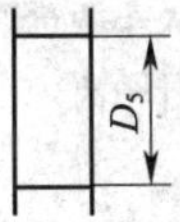 D_5

四、轨道的安装

铺设轨道时，压板、垫板和螺栓安装要牢固，安全可靠。同时还应按表 5—4 规定的技术要求逐项进行检查。

表 5—4　　　　铺设轨道的技术要求

序号	检查项目	数值（mm）	图示	备注
1	同一截面内大车两轨道的相对标高差 a_1	支柱支点处，$a_1 \leqslant 10$ 支柱中间处，$a_1 \leqslant 15$	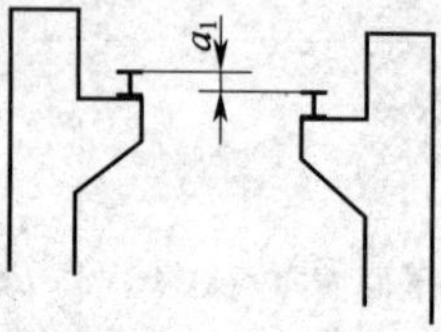 a_1	
2	在大车的同一条轨道上的两支柱支点中点，测量两支柱上的轨道面标高差 a_2	$a_2 \leqslant \frac{B}{1\ 500}$	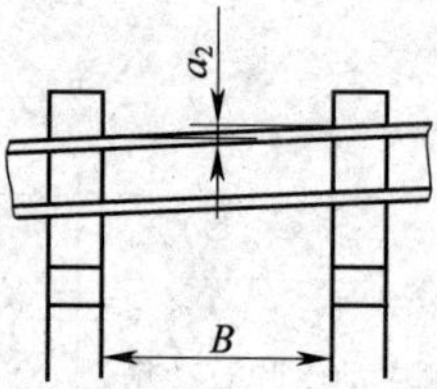 a_2 B	a_2 不允许超过 10 mm
3	大车轨距与标准跨度差 $\Delta L = L_k - L_{k3}$ L_k——标准跨距	$\Delta L \leqslant 4$	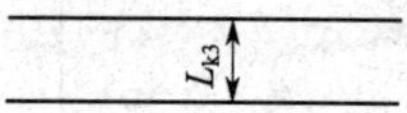 L_{k3}	
4	大车轨道接头处高差和左右不平差 Δh	$\Delta h \leqslant 1$	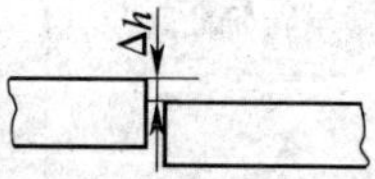 Δh	
5	大车两轨道接头处错开距离 S	$S \geqslant 500$	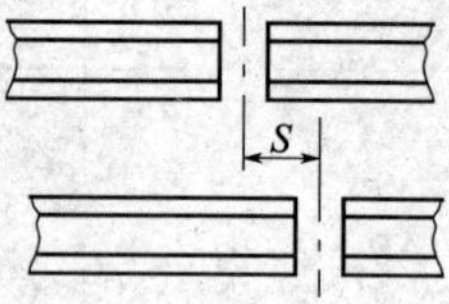 S	

续表

序号	检查项目	数值（mm）	图示	备注
6	大车轨道接头处间隙 δ	室内：$\delta=1\sim2$ 室外：$\delta=2\sim3$	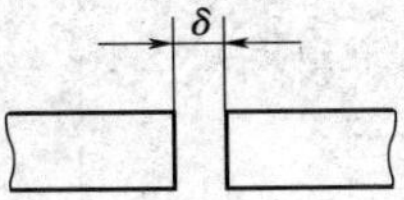 δ	
7	支撑梁中心线与大车轨道中心线的同位性 h_1	$h_1\leqslant10$	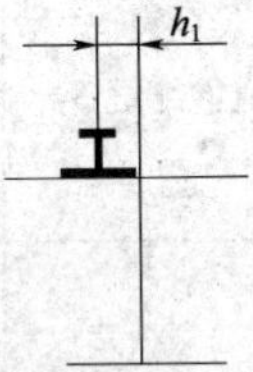 h_1	单腹板梁或桁架梁
8	轨道水平方向的直线度误差 λ	每10 m长 $\lambda<5$ 全长 $\lambda<15$	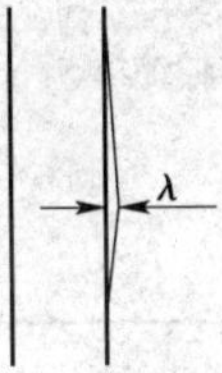 λ	
9	大车轨道横向不平度 e_2	$e_2\leqslant\frac{b}{200}$ b——轨道踏面宽度	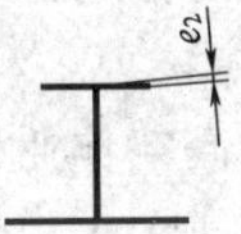 e_2	
10	小车两轨道的相对标高差 a_3	$L\leqslant2.5$ m时， $a_3\leqslant3$ $L>2.5$ m时， $a_3\leqslant5$	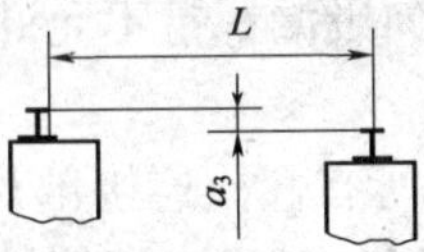 L a_3	
11	小车轨道接头处高低差 e_1	$e_1\leqslant1$	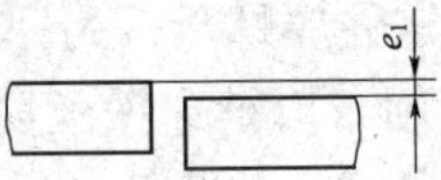 e_1	

续表

序号	检查项目	数值（mm）	图示	备注
12	小车轨道接头处侧向位移 q	$q \leqslant 1$	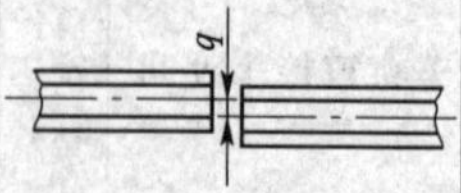	
13	小车轨道伸缩缝 S_1	$S_1 = 1 \sim 4$	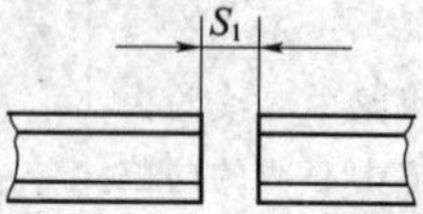	
14	大车轨道伸缩缝 S_2	温度不低于10℃时，$S_2 = 9 \sim 11$ 温度低于10℃时，$S_2 = 14 \sim 16$	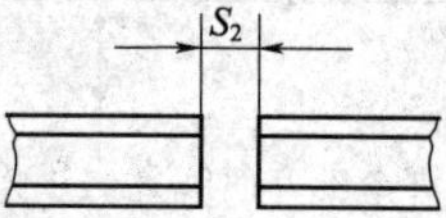	

五、螺栓连接与键连接的安装

1. 螺栓连接

天车属于高空作业机械，其零部件连接和固定的可靠性非常重要；否则，一个小小螺钉的坠落都会给机械本身以及地面设备和人员带来破坏和伤害。作为天车司机，有责任了解设备的各种状况，任何纰漏都是不允许的。对于各种连接零件都必须满足以下要求：

（1）所有螺栓连接部位都应有防松装置，如双螺母、弹簧垫圈、止退垫和开口销等，以免工作时发生松动。

（2）用双螺母防松时，薄螺母应放在下面。紧固时，用一只扳手固定住厚螺母，另一只扳手反向旋紧薄螺母。

（3）用开口销穿铁丝防松时，必须把开口销劈开，穿好铁丝，然后用钳子拉紧铁丝后顺螺纹旋紧方向绕紧并拧住。

（4）不准采用过长的螺栓，也不允许在螺母下面多加垫圈来调整螺栓的长度。露出螺母的螺栓长度应少于两个螺距；否则应更换长度适宜的螺栓。

（5）多个螺栓连接时，应交叉进行，并分几次旋紧。

（6）螺栓应稍加润滑油后再旋紧；否则，时间久了螺栓会生锈，给紧固和松脱带来麻烦。

2. 键连接

进行键连接的安装时主要是根据键的功能检查其相应的部位是否符合工艺要求。

（1）平键连接。键的侧面是工作面。用做紧固连接的平键，其侧面必须与轴和轮毂紧密接触；用做滑动连接的平键，其侧面要留有规定的间隙。

（2）楔键连接。键的上、下面都是工作面，上面是倾斜的。楔键分为圆头放入式和打入式（平头和钩头）两种。键与键槽之间不许加垫片。

六、电气设备的安装

1. 控制屏的倾斜度应小于5°。控制屏前后应留有适当的便于维修的空间距离。

2. 电阻器等发热元件应平行于大车运行方向设置，以减小振动和便于通风。

3. 所有带电部位之间，带电部位与金属零部件之间均应保持20 mm以上的间隔。如果天车运行时带电部位与金属零部件之间有相对摆动时，间隔距离应在40 mm以上。接线盒内接线端点之间的距离应不小于12 mm。

4. 滑线与滑块的中心线必须重合并保持水平，使之在天车运行时能平稳地滑动。滑线应绷紧并保持平直。电柱间距以1.5~2.5 m为宜。角钢伸出支架部分不能大于0.8 m。

5. 导线穿过线管时，导线总截面积不应超过线管内孔截面积的40%。管子弯曲半径应大于管径的5倍。弯曲后管子夹角应大于90°，并不允许有明显的弯扁现象。

6. 每根导线的两端均应按安装配线图所标注的号码设置标号牌。电线管和接线盒的端部也要注上相应的管号和标号。无标牌的电气设备与电气元件也要写上相应的符号，以便于安装和维修。

7. 电气设备、穿线管和导线全部安装好以后，用兆欧表来测量整个主电路与控制电路的绝缘性能。每相绝缘电阻应大于 0.4 MΩ，并且各相绝缘差别不能太大。

8. 天车上所有带电部位都应接有地线。小车和驾驶室均应与主梁焊接接地。接地线应用电焊焊牢或利用设备上的接地螺钉接地。天车上任何一点到电网中性点间的接地电阻均应小于 4 Ω。

9. 在主滑线供电端应安装熔断器。熔断器的额定电流应为天车或供电滑线最大电流的 0.63 倍。

七、其他辅助设施的安装

1. 大、小车轨道两头必须设有牢固的终端挡架和行程开关。

终端挡架的作用是防止大、小车从轨道两端冲出。挡架一般直接焊在铁轨上，其高度应与天车上的缓冲器高度相适应。

行程开关的作用是当大、小车运行到距终点一定距离时，天车上的安全尺碰到终点行程开关，使之自动切断电源，以便使制动器合闸制动。

2. 若同一轨道上有两台以上的天车，则每台天车均应安装触碰行程开关的安全尺，以保证两台天车相距一定距离时便都能自动断电制动，不会发生碰撞。

模块二　架　　设

架设就是将已安装好的天车安全地放到轨道上。架设前，要制定具体的施工方案，并送交技术部门进行审查和批准后，方可进行安装施工。

架设前，对所使用的每件器材和每台设备都要进行全面、仔细地检查，以防止在架设过程中出现问题。要确保场地大小够用，空间无障碍物。

如用起重桅杆架设天车，应逐一检查桅杆支撑座是否牢固、可靠；固定桅杆用的缆风绳拉得是否紧固；地桩是否牢固、可靠；卷扬机性能是否正常；制动器更要仔细检查和反复试验，确保没有问题后才能使用；卷扬机底座的固定要十分牢固，在牵引过程中不能产生滑动；起升用的滑车和导向滑车不能有卡滞现象；捆绑用的钢丝绳不许有永久性弯结、破裂和断丝等现象存在；起升设备的所有转动部位均应加注润滑油进行润滑。

一、架设时的注意事项

1．架设前，总指挥应向全体施工人员介绍起升方法、起升步骤、指挥信号、注意事项及每个人应承担的工作和责任。

2．指挥人员必须站在明显的地方，同时其视力所及要能照顾到施工现场的每个角落。必要时可指派专门人员与总指挥进行相互联系。

3．夜间施工时，必须有足够的照明设备和足够的亮度，并且要备有一套独立的备用电源和不受施工电源影响的照明系统。

4．禁止任何人随天车或滑车一起升降。

5．一般情况下，不许起重机升到半空中时再修理升降设备和用具，以防止出现人身伤亡事故。

6．在施工区域内，任何电线都不能影响到施工人员的操作。也就是说，不允许任何带电的导线或导体在施工的空间内出现。

7．要做好突然停电时的一切准备工作，以便在发生停电时能立即刹住已经升起的天车。

8．为安全起见，应把起重机提升到离地面 100 ~ 200 mm 高度时停留一段时间，然后再将所有的起升设备和起升用具检查一遍，例如，捆绑得是否牢固；钢丝绳在滑车中穿挂得是否正确；导向滑车固定得是否牢固；起重机本身是否平衡；桅杆座有无移动、偏斜等，待确认各部位都没有问题时，才能继续起升。

9. 操作卷扬机时，尽量不使用紧急制动措施，以免导致天车在空中发生颤动和摇摆。

10. 起重量超过 75 t 的天车最好分体架设。

二、架设方法

架设天车的方法很多，具体实施时，可根据起重设备和现场环境等情况酌情选用。

1. 利用起重机架设

有些厂房在尚未装设屋顶时，可直接利用移动起重机架设天车，该方法非常简便，效率较高。

2. 利用建筑厂房的桅杆起重机进行架设

由于不再需要重设一套起重设备，所以实施起来更加方便。

3. 利用搭起的桅杆起重机进行架设

桅杆起重机分为单桅杆起重机和双桅杆起重机两种，可以根据具体施工条件和天车的大小选用。

一般在厂房完全盖好的情况下适于选用单、双桅杆起重机架设或拆卸天车。

整体架设天车时，可以先将驾驶室拆掉，以便减少吊装时协调天车的平衡状态的麻烦。这样可以比较容易地用桅杆式起重机一次性地将天车吊装成功，如图 5—2 所示为用单桅杆起重机架设天车。最后再安装驾驶室。

大型天车由于质量和体积庞大，应该采取分体架设的方案。具体做法是：首先将主梁和端梁的连接拆开，然后把两根主梁分别架设上去；其次再把小车吊起在稍高于主梁的上方悬挂待落；再次将端梁吊起到位并与主梁连接完毕；最后再把小车落放在主梁的轨道上，如图 5—3 所示。

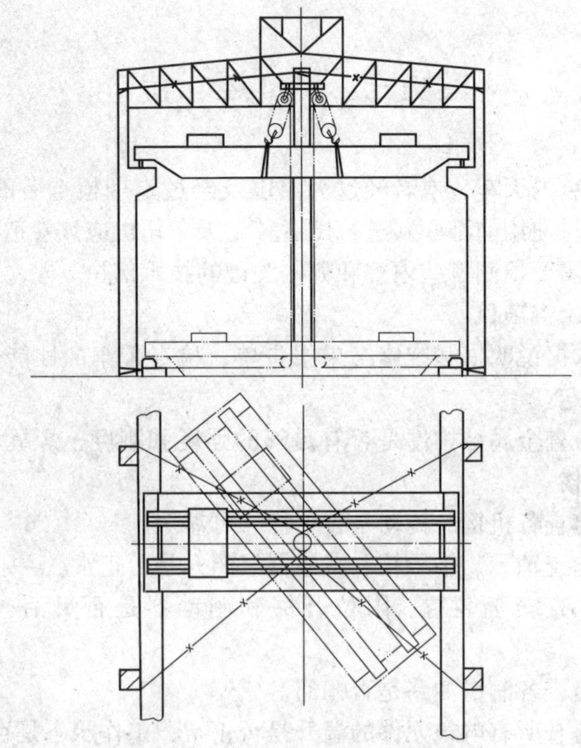

图 5—2　用单桅杆起重机架设天车

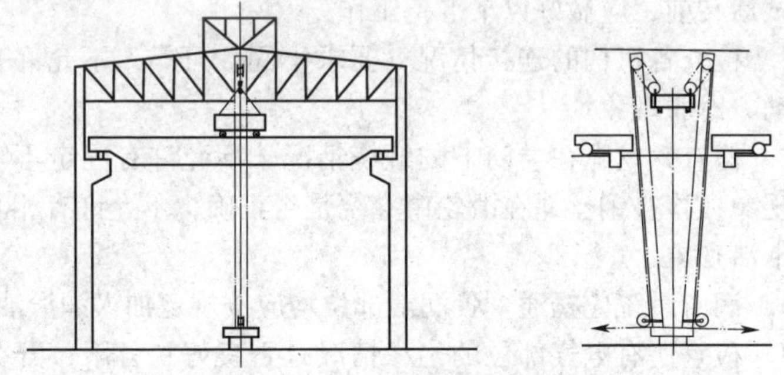

图 5—3　分体架设示意图

1—大车　2—小车　3—吊装滑轮组

模块三 试 运 转

新安装的天车，或者经过大修以及经过定期检查后的天车，在正式交付使用前都必须进行试运转。天车司机应该知道在试运转过程中需要检测哪些内容和哪些关键的技术部位。

一、检查项目

1. 依据说明书和维修结果报告单，检查天车的性能是否符合技术规定。

2. 检查金属结构件是否有足够的强度和刚度；焊缝和铆接点是否合格。

3. 检查各机构的传动是否平稳、可靠。

4. 检查轴承、轴承箱和减速器等温升是否正常。

5. 检查安全装置、限位开关和制动器是否灵活、准确、可靠。

6. 检查各润滑油路是否畅通。

7. 检查所有电气元件的温升是否正常；工作状态是否正常。

二、准备工作

试运转前，应做好以下准备工作：

1. 检查各机构的连接情况，要求牢固、可靠，不允许有任何松动、滑脱现象。

2. 检查钢丝绳在卷筒上的缠绕情况，不允许有固定不牢和乱绕现象；检查钢丝绳在滑轮中穿绕是否正确，不允许有相互摩擦和卡滞现象。

3. 润滑系统应畅通。各润滑部位均应按规定加入润滑油。

4. 检查所有电气部位的绝缘情况是否良好；各限位开关及其安全设施是否齐全；接线是否正确；电气元件的动作是否准确、可靠。

5. 根据天车的额定起重量准备好符合规定的试吊物。

6. 凡是能用手转动的机构，都要试转几下。不允许有时松时紧或卡滞的现象。

7. 试验制动器，必须灵敏、可靠。

8. 减速器不允许漏油，声响应正常。

9. 所有焊缝质量应全部符合技术规定。

三、试运转方法

完成上述准备工作后，即可进行试运转。其方法和步骤如下：

1. 吊钩天车的试运转

(1) 空载试验。首先应使各机构慢速运行，然后缓慢地升到额定转速，此时各传动部件都应平稳，没有冲击和振动现象。各机构都要沿各自的行程往返运行 2 ~ 3 次，然后检查各机构的运行情况，如发现不正常现象，应及时调整，直到正常为止。

起升机构和运行机构的运行时间均不得少于 10 min。

对所有开关都必须检查、试验，包括吊钩上升限位开关、大车终点行程开关、小车终点行程开关、护栏门开关和驾驶室的紧急开关等，均应灵敏、可靠。

(2) 动载试验。依次吊起额定载荷 0. 5，0. 7，1 和 1. 1 倍的载荷，使小车在主梁上往复运行几次，如果一切正常，则可以同时开动两个机构，如大车和小车，小车和起升等任意组合，重复运行。需要注意的是：试运转时，起升机构累计工作时间不得少于 15 min，运行机构的运行时间不得少于 20 min 或运行次数不少于 10 次。另外，在运行过程中制动器应灵敏、可靠；减速器无噪声，无振动，温升正常，不漏油；润滑系统良好；各限位开关和安全保护装置动作可靠；各电气设备的性能良好，温升正常，无噪声，无振动，接点处无烧伤等。

卸去载荷后，小车开到另一端，测量主梁上拱值应符合标准规定。然后再将小车开到主梁中间，挂上额定起重量 1. 25 倍的载荷，吊离地面 100 ~ 150 mm。10 min 后卸去载荷，检查主梁不允许产生塑性变形。该试验反复做两次以上，主梁均不允许有塑性变形现象存在。

主梁的测量方法是：吊起额定载荷后，在负载上挂一重锤，地面竖一标尺，记下此时重锤所指的数值或刻度。卸去负载后，重锤所指数值与前面所记刻度数值之差就是主梁的弹性下挠值，此数值若小于规定数值，天车便可正常投入使用。

2. 电磁盘天车的试运转

电磁盘天车的空载、静载和动载试验可参照吊钩天车的试验方法进行。其中电磁盘的技术数据应根据出厂说明书或参阅表5—5确定。

表5—5　　电磁盘的技术数据

型号		钢板、钢块（kg）	废钢铁（kg）	生铁块（kg）	钢屑（kg）	自重（kg）	功率（kW）
圆形	MW1—6	6 000	180	200	80	460	3.1
	MW1—16	16 000	500	600	200	1 675	9.5
	MW1—45	45 000	1 800	1 800	600	5 200	18.4
矩形	MW2—5	由电磁铁数量及被吊物形状和数量而定				3 000	8

试验时应注意，电磁盘的质量应计算在天车的额定起重量之内。

3. 抓斗天车的试运转

抓斗天车空载、静载和动载试验的方法与吊钩天车的试验方法相同。但由于抓斗的特殊性，还有以下一些补充规定：

（1）抓斗所抓物料的密度及物料颗粒大小不得超过规定的数值。

（2）抓斗自重应包括在天车的额定起重量之内。

（3）抓斗的空载和有载试验，每个动作轮流操作不得少于两次，有载试验时不得少于五次。其他规定如下：

1）抓斗张开下降时，应使开闭卷筒和升降卷筒同时向下降方向旋转，直到颚板插进被抓取的物料为止。

2）欲使抓斗闭合时，先将开闭卷筒向上升方向旋转。升降卷筒不动，当升降卷筒上的两根钢丝绳将要发生松弛时，此时升降卷筒应起动，以便使钢丝绳能在两抓斗口逐渐合拢时立即随同开闭卷筒同时起升。

3）抓斗起升时，开闭卷筒和升降卷筒应同时向上升方向旋转。在倒出抓斗中的物料时，升降卷筒不动，开闭卷筒向下降方向旋转，此时，抓斗的颚板即因自重和斗内物料的重力作用而张开，使物料倒出。

两用和三用起重机的试运转可参照吊钩天车的方法进行，分别对吊钩、电磁盘和抓斗进行试验。对马达抓斗应特别注意所抓物料的密度不得超过其规定的数值。

第六单元　天车常见故障及排除方法

培训目标

1. 掌握天车常见机械故障的产生原因和排除方法。
2. 掌握天车常见电气故障的产生原因和排除方法。
3. 了解控制线路的原理、故障产生原因及其排除方法。
4. 掌握起升机构常见故障的产生原因及排除方法。

天车在使用过程中，频繁地起动、制动、换向等，使得各种机械、电气零部件受到冲击和振动，还有在使用过程中的正常磨损等原因，都会导致机械、电气等方面的故障。作为天车司机，了解各种故障产生的原因和排除方法会为顺利地操作天车带来许多方便。

模块一　常见机械故障及排除方法

一、主梁下挠

主梁下挠就是主梁向下产生弯曲。主梁下挠有两种情况：一种是弹性变形，另一种是塑性变形。无论哪种变形，发现后都要及时进行修复或加固；否则会影响天车的使用性能，甚至有可能酿成灾难性的后果。

1. 主梁下挠的主要原因

（1）制造时下料不准，焊接不当。通常在安装时通过测量即可发现。如错误地把主梁腹板下成直料；焊接时操作不规范，造成应力而使主梁下弯。

（2）高温影响。天车经常吊运金属液等高温物质，使主梁金属材料的屈服强度降低并产生温度应力，主梁下部受热产生下挠。

（3）维修和使用不合理。如在主梁上随意用焊接方法安装设备和零部件；或者随意改变天车的工作类型（如把间歇性工作类型改成连续性工作类型）；拔地脚螺栓；超负荷使用等都有可能造成主梁下挠。

主梁下挠对天车使用性能有很大影响。主梁下挠会使大车传动轴的同轴度和齿轮联轴器的连接状况变差，传动阻力增大，严重时会发生“切轴”现象；小车由两端往中间运行时会产生下滑现象，由中间往两端运行时又会产生爬坡现象，尤其是小车不能准确地停在轨道的任意位置上，会使浇注、装配等要求准确而重要的工作无法进行。对于金属结构而言，主梁下盖板和腹板下缘的拉应力会使疲劳裂纹逐步发展，从而导致主梁破坏。

2. 主梁下挠的修复

修复下挠的主梁时一般采用以下三种方法：

（1）火焰矫正法。火焰矫正法是指对金属的变形部位进行加热，然后利用加热后金属塑性好的性质进行矫正。这种方法可以矫正桥架结构的各种复杂变形，比较灵活。缺点是需要将天车落到地面进行修复，所以显得工程浩大，修复工期较长。

（2）预应力矫正法。即在桥架两端焊上两个支撑座，穿上拉筋，然后旋转拉筋上的螺母，使主梁在拉筋的挤压下产生上拱。该方法简单易行，容易对矫正结果进行检查、测量和控制。缺点是只适合对简单变形进行矫正。

（3）电焊矫正法。即采用多台电焊机，用大电流施焊。在两根主梁下部从两侧往中间焊接槽钢或角钢，利用加热和冷却的作用迫使主梁上拱。这种方法对焊接工艺和操作技能要求很高，焊接电流和每台电焊机的焊接速度要基本一致，关键是矫正效果难以及时测量，难以保证质量。因此，建议在有条件进行前两种方法的矫正时，尽量不采用电焊矫正法。

二、小车车体振动

1. 产生原因

小车车体振动的直接原因是小车的一个车轮悬空或轮压很小，使小车行走时产生振动。这种振动是由小车本身和轨道两方面的原因造成的。

（1）小车本身的原因。在小车的四个轮子中，可能有一个车轮直径过小；车架形状不符合技术要求，长时间使用之后发生变形；车轮安装位置不符合技术要求；对角线上的两个车轮直径误差过大。

（2）轨道的原因。轨道不平，局部有凹陷或凸起；轨道接头上下、左右有偏差，一般偏差超过1 mm就会出现小车行走不平的现象。

2. 检查与修理方法

（1）检查轨道面是否存在高低不平现象。具体做法是：慢速移动小车，观察小车轮子的滚动面与轨道面之间是否有间隙，可用塞尺插入车轮踏面与轨道面之间进行测量。

（2）检查车轮是否存在高低不平现象。具体做法是：在车轮与轨道之间有间隙的地方用塞尺测出车轮踏面与轨道面之间间隙的大小，然后根据间隙的大小用不同厚度的钢板垫在车轮与轨道之间，移动小车，使同一轨道上的另一车轮压在钢板上。如果走过的车轮与轨道之间无间隙时，则说明这段轨道偏低，需要将轨道调高。

若小车行走不平时，应按下列原则进行修理：

如果车轮踏面不在同一水平面上，无论问题出在哪一个车轮上，原则是尽量不修主动轮，而修被动轮。原因是两个主动轮一般都是同轴的，修主动轮可能会影响传动轴的同轴度，给维修增加新的麻烦。最佳的方法是以主动轮为基准去移动被动轮。

小车轨道的修理是针对轨道的相对标高和直线度误差进行的修理。首先确定具体位置和缺陷性质，然后铲除修理部位上轨道的焊缝或对轨道上的压板进行调整和修理。轨道上有小部分凹陷时，应在轨道下边用加力顶直的办法来使其平直。加力顶直时要注意防止轨道的侧弯变形。如果轨道的凹陷范围很小，则应采用补焊的方法找平。

三、大车啃道

大车啃道现象一般发生在大车轮缘与轨道侧面没有间隙的情况下，大车运行中轮缘与轨道之间产生挤压和摩擦。摩擦严重时，大车轨道侧面会有一条明显的磨损痕迹，甚至表面带有毛刺，轮缘内侧有明显的一块块亮斑。而大车运行时，发出金属磨损的切削声；开车或停车时，车身有摇摆现象。

大车啃道的危害性很大，它会使大车车轮的使用寿命缩短为正常情况下的1/5。同时对设备和人身安全存在极大威胁。大车啃道的主要原因如下：

1. 车轮的加工不符合技术要求

若所加工的车轮不符合技术要求，如两侧车轮与轴承的配合间隙不一致、偏差过大等，致使大车驱动时造成两端的车轮转动速度不一样，以至于使整个车体倾斜而造成啃道。

2. 车轮歪斜

车轮歪斜是大车啃道的主要原因。造成这种情况的直接原因是车轮装配质量不好、安装允许误差超标和使用过程中车架变形等。其次是车轮踏面中心线与轨道中心线不平行，因为车轮是一个刚性结构，它的行走方向永远是向着踏面的中心线方向。所以，当车轮走到车轮踏面中心线与轨道中心线不平行处时，便会因产生摩擦而啃道。

3. 主动轮直径不等

车轮直径不等会使主动轮的线速度不等，或者其中一个主动轮的传动系统有卡住现象，使车体歪扭而啃道。

4. 轨道方面的问题

轨道由于安装、调整、保养不好，或基础下沉造成轨面不平等原因，都会使车轮发生啃道现象。

5. 传动系统啮合间隙不均匀

传动系统啮合间隙不均匀，会导致减速器齿轮、联轴节齿轮的啮合间隙不均匀，在起步或停车时，使车体歪斜而啃道。

针对上述原因，在修理或保养时，只要准确地找出原因，对症下药即可随时排除故障。

四、制动器不灵敏

制动器不灵敏分为两种情况：一是制动器不灵敏发生溜钩现象。就是天车手柄已扳回零位或停止升降时，重物仍旧下滑，而且下滑的距离超过规定的允许值。一般天车制动后允许的下滑距离为 $v/100$，v 为额定起升速度；二是制动器张不开，使起升机构升降受阻，不能吊运额定的起重量。

1. 制动器抱不紧

(1) 主要原因。制动器抱不紧实质上就是制动力矩不够。其原因主要有以下几个方面：

1）制动器上的各销轴、销孔、制动瓦衬等由于磨损，致使制动时的制动臂及其瓦块的位置发生变化，则制动时出现时紧时松的现象，常称为制动力矩发生脉动变化。另外一个原因就是主弹簧调整不当，制动力矩变小而导致溜钩。

2）主弹簧材质不符合要求，弹簧因产生疲劳而失去弹性，制动力矩不够，导致溜钩。

3）制动器的制动轮外缘与孔中心线不同轴，径向跳动超过技术要求，致使制动力矩发生脉动性变化。

4）制动瓦衬与制动轮间隙不均匀，如单面接触等使制动力矩减小。

5）长行程制动器的重锤下面增加了支持物，使制动力矩减小。

（2）解决措施。排除制动器抱不紧可以从以下几个方面着手进行：

1）及时更换磨损严重的闸架和松闸器，排除卡塞物。

2）经常用煤油或汽油清洗制动轮和瓦衬表面，保证制动轮和瓦衬表面没有油污。

3）当发现制动轮外缘与孔的中心线不同轴时，应修整或更换制动轮。

4）若制动瓦衬与制动轮间隙不均匀，应调节相应的螺钉和副弹簧。

5）若制动器安装精度差时，必须重新安装。

2. 制动器张不开

（1）主要原因

1）电磁线圈断路，磁铁不吸合，致使制动器打不开。

2）制动器推杆弯曲，不能与动磁铁接触。所以动磁铁闭合时推不开制动臂。

3）制动器传动件有卡死、转动不灵活或不能转动现象，不能触及推杆。

（2）解决措施

1）查找线圈外部断点，恢复接线；若线圈内部断路，需更换线圈。

2）卸下推杆，矫直后重新安装；若矫直效果不好，需更换推杆。

3）调整间隙，润滑，必要时更换零件。

模块二　常见电气故障及排除方法

天车上的电气元件多数在高温、潮湿和多尘的场合下工作，而且天车频繁地起动、制动，以及在某些工作条件下还有可能会产生冲击和振动，增大电气元件的瞬间负荷，所以电气元件发生故障的概率非常高。天车的常见故障大都属于电气故障，掌握这些故障的排除技术，会给天车司机的工作带来很大的便利。

一、交流接触器常见故障

1. 动、静触点烧蚀或烧结在一起

其产生原因及排除方法大概有以下几种：

（1）电源电压过低，致使产生的磁力太小，铁心在启动后吸合不严，动触点接触压力不够。应及时调整电压或采取失压保护措施。

（2）动、静触点歪扭，接触不良；触点烧损严重，使用时间过长，使超程过小。应调整接触器触点状态，必要时更换接触器。

（3）动、静触点表面不清洁或衔铁极面不平，导致三个触点不同时接触，因产生电弧而烧伤触点表面。应经常清洁触点表面，并调整衔铁极面，使其处于同一平面，起码应使一对触点刚接触时，其余两对触点和相应的静触点之间的距离应不大于0.5 mm。

（4）固定磁轭的螺栓松动。紧固磁轭的固定螺栓。

（5）可动部分被卡住，或者虽然能动但明显不灵活。应排除卡滞部位，直至其能灵活运动为止。

（6）接线端头有松动。拧紧接线螺钉即可。

（7）转轴和轴孔有过大的间隙。应及时更换接触器。

2. 接触器工作时声响不正常

正常工作的接触器发出的声响类似于变压器工作时所发出的嗡嗡声，如果声音过大则说明接触器存在故障。其产生原因及排除方法如下：

（1）电源电压过低。应检查电源，恢复正常电压。

（2）触点压力小。应调整触点压力，如可调整或更换弹簧片，用硬纸板垫高静触点等。

（3）动、静铁心的极面歪斜，极面有灰尘，贴合不紧密。

首先应清除滑道及铁心端面的污物，或者调整铁心以保证极面贴合紧密。

(4) E 形铁心的中间极面间隙小于 0.2 mm。应重新调整极面间隙。

(5) 固定磁铁的销钉松动。应更换销钉。

(6) 转轴和轴孔磨损，配合间隙过大。应更换接触器。

(7) 线圈过载。此时应切断电源，清除铁心端面的油污，或调整（减小）铁心间隙。

3. 接触器线圈过热

接触器线圈温升超过允许极限，主要有以下几方面的原因：

(1) 线圈过载。

(2) 衔铁与磁轭接触不良，磁铁极面脏污或存在卡滞的地方。

(3) 触点间的压力大。

(4) 短路环损坏。

(5) 电源电压不正常，过高或过低。

(6) 固定衔铁的螺栓松动。

具体排除时可从以下几个方面入手：首先应检查电源电压是否正常，如不正常应恢复至正常的电压；其次应清除极面污物，排除卡滞物，调整触点压力，紧固松动的螺钉；必要时可更换静铁心。

4. 线路断电之后衔铁不能脱落

衔铁不能脱落会导致继续供电，使天车不能停车，非常容易造成事故。其原因有以下几个方面：

(1) 触点间的超程过小，压力过小，导致衔铁的释放作用力不够。

(2) 磁轭与衔铁的极面上有污物，持续导电而不能断电。

(3) E 形铁心中间极面间隙小于 0.2 mm。

(4) 接触器安装位置不正确，倾斜角度大于 5°。

(5) 线圈短路。

（6）弹簧损坏。

（7）触点熔接。

（8）也有可能是硅钢片的质量不好，致使铁心的剩磁过大。

应清除导电污物，调整安装位置，更换弹簧和触点。

5. 接触器动作不灵活，反应迟钝

可能有以下几个方面的原因：

（1）衔铁与磁轭的距离过远。

（2）活动构件有卡滞的地方。

（3）接触器自身的倾斜角度过大，一般不允许大于5°。

可以用硬纸板垫高静铁心，减小动、静触点间的初间隙；清除卡滞物；调整安装位置。

当判断是接触器的故障时，检查过程中必须断开电源，首先推动接触器的活动部分，动作不灵活则说明配合部分有卡滞现象。动触点是不允许与灭弧罩相碰的，动铁心也不应与线圈相碰。在保养时要使触点上的压力有一定的超程，电磁铁的极面必须清洁，不能有油污。排除上述原因后再逐项检查其他方面的故障。

有时接触器在天车运行过程中发生不该发生的动作，这主要是触点间的压力不够、烧坏或脏污以及轨道不平等原因造成的。

二、继电器常见故障

继电器是切换控制电路的电气元件，所以它的触点容量小，在起重机的电气控制装置里用来控制接触器的工作。继电器应具备动作迅速、灵敏准确、工作可靠、坚固耐用的特点。

起重机上常用的继电器是过电流继电器和时间继电器。过电流继电器可代替熔断器起短路保护作用，具有动作之后可自动恢复原位的特点，但触点一旦被烧结在一起，将起不到保护作用。时间继电器起延时接通或切断电路的作用，在接通或切断继电器线圈的电源以后，经过一定的时间其触点才发生动作。继电器常见的故障如下：

1. 线圈发热

线圈发热的原因可能是线圈过载；衔铁和磁轭间的相对位置不正确；衔铁有卡滞的地方。

2. 噪声大

噪声大的原因可能是电源电压低；线圈过载；衔铁和磁轭表面脏污或相对位置不正确；衔铁有卡滞的地方。

3. 动作迟缓

动作迟缓的原因是衔铁与磁轭距离过远或安装位置不正确等。

由于继电器和接触器的结构差不多，因而可以参照接触器的故障排除方法进行处理。

三、控制器常见故障

控制器的主要功能是控制相应的电动机的启动、运转、改变方向、制动等过程。因此，控制器各对触点的开闭非常频繁，触点间的磨损与烧伤导致的故障经常发生。

1. 控制器常见故障及其产生原因

（1）控制手柄发生卡滞，并伴有冲击现象。其原因可能是定位机构发生故障，触点烧伤、粘连等。

（2）触点磨损或烧伤，通常是由于使用时间过长，触点老化。触点压力不足或灰尘太多，使触点接触不良，以及因控制器容量过小而导致过载。

（3）控制器合上后，过电流继电器动作发生“保护”现象，致使起重机无法工作。产生这种现象的原因是：继电器的整定值不符合要求，电动机定子线路中某处接地，也可能是机械部分有卡滞现象。

（4）控制器合上后，电动机不转。其原因如下：

1）电源断相，一般情况下电动机会发出不正常的声音。

2）相间电压为零。

3）控制器的触点虚接。

4）转子线路中有断线的地方。

2．控制器的维修、保养与调整

应按下列要求进行：

（1）起重机在每次工作前应首先检查一下控制器内各对触点的接触情况，应先除尘，再清理触点表面烧蚀的金属残粒，并且要保证一对触点的接触面积不小于触点宽度的3/4。

（2）动、静触点在闭合时应具有不少于2 mm的超程，分开时的开距应不小于16 mm，并且要保证压力适当，接触良好。如图6—1所示为LK1型主令控制器动、静触点开距和超程的调整示意图。

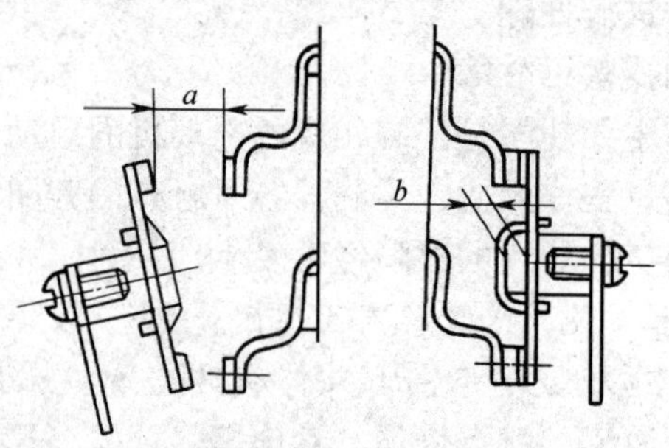

图6—1　LK1型主令控制器动、静触点开距和超程的调整示意图
a）开距　b）超程

主令控制器触点的调整可参照表6—1。

表6—1　　主令控制器触点的调整

压力值	最小	最大
始压力（kg）	0.15	0.25
终压力（kg）	0.70	0.90
开距（新触点）（mm）	13.5	18.5
超程（mm）	2.0	4.0

鼓形控制器的触点压力见表6—2。

表6—2　　　　　　鼓形控制器的触点压力

<table>
<tr><td rowspan="2">触点宽度
(mm)</td><td colspan="2">触点压力（N）</td></tr>
<tr><td>最小</td><td>最大</td></tr>
<tr><td>12</td><td>6.86</td><td>12.74</td></tr>
<tr><td>15</td><td>9.8</td><td>15.68</td></tr>
<tr><td>20</td><td>13.72</td><td>21.56</td></tr>
<tr><td>25</td><td>15.68</td><td>26.46</td></tr>
<tr><td>30</td><td>19.6</td><td>32.34</td></tr>
</table>

KTJ1 系列凸轮控制器触点的技术数据见表6—3。

表6—3　　KTJ1 系列凸轮控制器触点的技术数据

<table>
<tr><td rowspan="2">型号</td><td colspan="4">触点压力（N）</td><td rowspan="2">开距
(mm)</td><td rowspan="2">超程
(mm)</td></tr>
<tr><td colspan="2">初压力不小于</td><td colspan="2">终压力不小于</td></tr>
<tr><td>KTJ1—50</td><td colspan="2">1.18</td><td colspan="2">5.39</td><td>9～17</td><td>2.5</td></tr>
<tr><td rowspan="2">KTJ1—80</td><td>主触点初压力</td><td>3.92</td><td>主触点终压力</td><td>11.76</td><td rowspan="2">9～17</td><td rowspan="2">2.5</td></tr>
<tr><td>副触点初压力</td><td>1.18</td><td>副触点终压力</td><td>5.39</td></tr>
<tr><td rowspan="2">KTJ1—50/5</td><td>主触点初压力</td><td>3.92</td><td>主触点终压力</td><td>11.76</td><td rowspan="2">9～17</td><td rowspan="2">2.5</td></tr>
<tr><td>副触点初压力</td><td>1.18</td><td>副触点终压力</td><td>5.39</td></tr>
</table>

新安装或更换的触点（或触指）均应具有最大的压力。控制器转动部分要定期润滑，以保持其灵活性。控制器内部，尤其是触点部位要清洁。

当触点烧灼到一定程度后，要及时调整动、静触点的开距和超程，以免影响触点间的接触状态。若触点按控制器报废标准确认为报废时，应立即更换。

四、控制电路常见故障

天车控制电路原理图如图6—2所示。

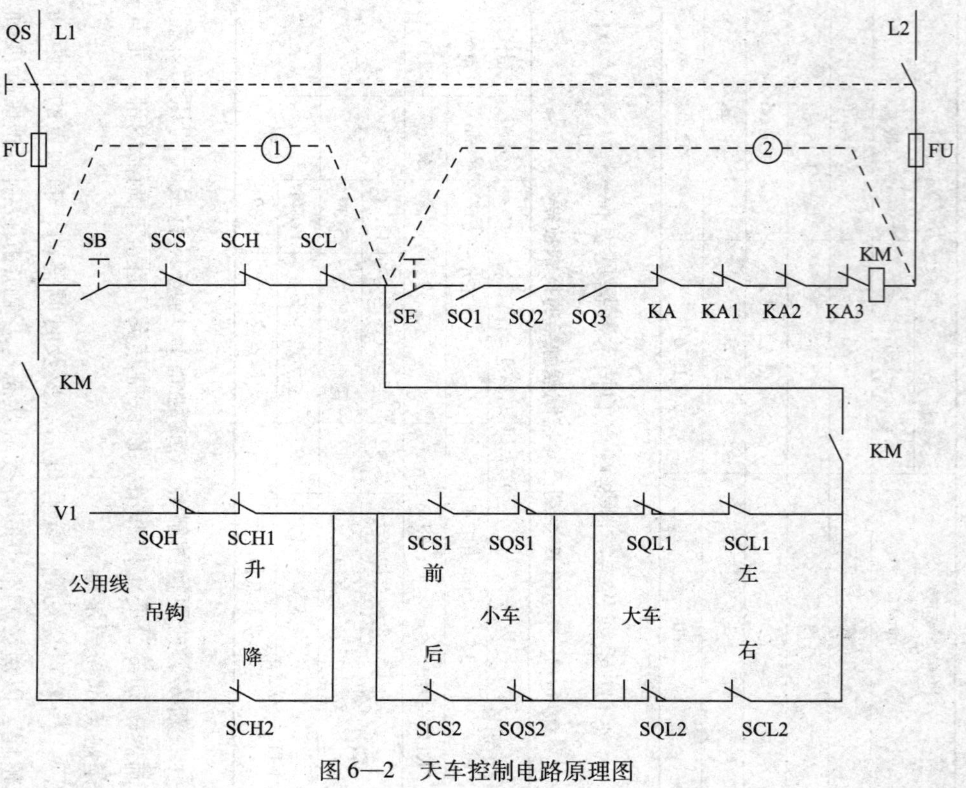

图 6—2 天车控制电路原理图

1．天车不能起动

大概有以下几方面的原因：

（1）合上保护箱的刀开关 QS，控制电路的熔断器 FU 就熔断，导致天车不能起动。原因是控制电路里相互连接的导线或某电气元件有短路或接地的地方。

（2）按下启动按钮 SB，接触器吸合，但手离开按钮时接触器就释放（也叫跳闸）。其原因如图 6—2 所示，当接触器线圈 KM 得电后，它的常开触点 KM 闭合并自锁，使零位保护电路①和串联回路②导通，说明这部分电路工作正常。手离开按钮时接触器就释放（即跳闸）的原因可能是由于自锁没锁上，或大车、小车和起升控制回路中有接地之处，也可能是接触器的常开触点或线圈 KM 有接地之处。

其检查方法是：拉下刀开关，推合接触器，用万用表按电路的连接顺序一段段检查。

（3）按下启动按钮 SB，接触器吸合后控制电路的熔断器烧断，从而使天车不能起动。原因是大车、小车、升降电路或串联回路有接地之处，或者是接触器的常开触点、线圈有接地之处。

（4）按下启动按钮，接触器不吸合，使天车不能起动。产生这种情况的原因可能是主滑线与滑块之间接触不良或保护箱的刀开关有问题。这时应检查如图 6—2 所示的控制回路中熔断器 FU、启动按钮 SB 和零位保护电路①，看这段电路是否有断路处；检查串联回路②是否有不导电之处。

检查的方法也是用万用表按图中线路①和②一段段测量，查出断路和不导电之处后应及时排除。

2．吊钩一上升，接触器就释放

可能的原因如下：

（1）上升限位开关的触点接触不良。

（2）滑线和滑块接触点接触不良。

出现这种情况时，可用万用表检查图 6—2 中吊钩上升部分的电路，看看是否有接触不良和断路的地方。

3. 吊钩一下降，接触器就释放

如果其他机构工作正常，即图 6—2 中电路①和②工作正常；大车和小车的电路工作也正常。则故障一定是在图 6—2 中的吊钩升降部分。

排除的方法是用万用表电阻挡或试灯查找接触器的联锁 SCH2。如果这两点任何一个部位未闭合，都能在吊钩下降时出现接触器跳闸的现象。

4. 按下启动按钮，接触器就吸合，但一扳动手轮，过电流继电器就动作

其原因有以下几点：

（1）电动机超负荷或定子线路有接地和短路的地方。

（2）接触器联锁触点的弹簧压力不足或接触不良。

（3）控制机构中某一部位被卡滞或操作太快。

（4）过电流继电器的整定值小或触点接触不良。按下启动按钮，接触器能吸合；但手松开，接触器就释放（跳闸）。原因是在电路②中有故障。

5. 控制器手柄处在工作位置时电动机不旋转

其原因有以下几点：

（1）控制器相对应的触点未接触上。

（2）转子电路开路，电刷有接触不良处。

（3）电源未接通或三相电源中有一相断路。

6. 天车在运行中偶尔出现跳闸现象

这种情况一般是小车运行到某一位置时，起升机构在起吊物件时出现跳闸现象，但在其他部位都正常，没有这种现象。

其原因一般是小车集电刷与小车滑线接触不良，或有绝缘物相隔所致；同时，控制电路中触点压力不足或者有的触点被烧灼、锈蚀，致使通电受阻；电动机超载；大车运行轨道不平，造成大车车体振动，致使个别触点脱落。

排除时，应拉下保护箱的刀开关，调整小车滑线或消除滑线上的锈渍等绝缘物，必要时更换个别零部件。

7. 大车和小车只能向一个方向开动

这种情况一般有两种可能，一种是另一个方向的限位开关触点接触不良；另一种可能就是控制器里另一个方向上的控制触点接触不良。

8. 大车运行时接触器跳闸

主要与以下因素有关：

(1) 主滑线与滑块之间接触不良。

(2) 大车轨道不平，使车体振动而造成有关触点压力不足。

(3) 控制电路中的接触器触点压力不足，从而使之接触不上。

(4) 大车向任一方向开动时接触器都跳闸。这种情况一般是保护箱内的大车过电流继电器动作所引起的。但也有可能是保护大车电动机的过电流继电器所调电流的整定值偏小，所以大车电动机启动时过电流继电器的常闭触点断开，使保护箱接触器释放。出现这种情况时，必须按技术要求来调整过电流继电器的整定值。

9. 天车在起动运行时接触器发出“噼啪”声

这是接触器动、静磁铁极面吸合时的撞击声。其原因是回路中电流有波动，电流大时，动、静磁铁吸合；电流小时，磁铁吸力小，从而使动、静磁铁极面出现间隙，再吸合时便会发出“噼啪”声。

10. 天车工作中接触器有时吸合，有时断开

其原因是接触器线圈的供电线路中有断续接触或接触不良之处，例如，联锁触点压力不足，接线螺钉松动，熔断器的熔丝松动等。

11. 断电时接触器不释放

其原因是控制电路某处有接地、短路的地方，或接触器触点

有短路或接错的地方。

12. 行程开关断开后电动机仍未断电

其原因是连接行程开关的电路中有短路或接错的地方。

五、主回路常见故障

主回路是指天车的动力回路。它由天车各机构的定子外接电路和转子外接电路等组成。

1. 定子回路的常见故障

定子回路的常见故障一般分为短路和断路两种。短路故障的出现常伴有弧光或“放炮”现象，反应比较激烈。断路故障则要根据各种外在情况进行具体分析。下面通过如图 6—3 所示的电动机的定子电路进行分析。

（1）其他机构工作正常，只有小车不能起动。这种故障通常发生在图 6—3 中的 U11，V11 和 W11 三个接线点以后的小车电路上。主要有以下四方面的原因：

1）控制器里控制小车电动机的定子电路的触点有接触不良之处。

2）小车的滑线导电器有锈蚀，导致接触不良。

3）小车电动机定子绕组中有断线的地方。

4）小车电动机定子的三相电源线中有一相断线，也可能是过电流继电器 KA3 有故障。

（2）其他机构工作正常，只有大车不能起动。这种故障应在图 6—3 中的 U1，V1 和 W1 三个接线点以下的大车电动机的供电线路中查找，可能是以下原因：

1）控制器里控制大车电动机的定子电路的触点接触不良。

2）大车电动机的定子绕组有断线的地方。

3）大车电动机定子的三相电源线中有一相断线，也可能是过电流继电器 KA2 有故障。

（3）其他机构正常，只有小车与副钩不能起动。这种故障通常发生在图 6—3 中的 U1，V1 和 W1 三个接线点以后的小车

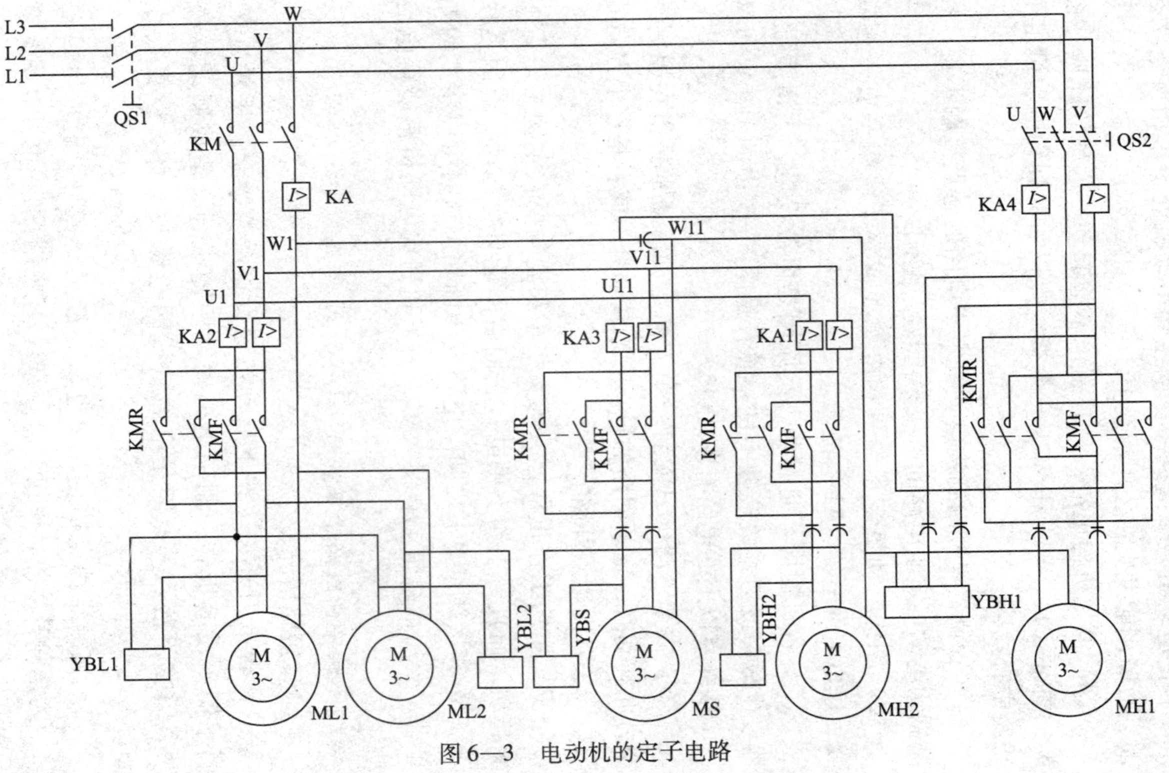

图 6—3　电动机的定子电路

和副钩的电动机定子线路中。当主钩电动机处于单相接电状态时，故障可能发生在公用滑线上。

（4）其他机构正常，只有副钩不能起动。这种故障应在图6—3中的U11，V11和W11三个接线点以后的副钩电动机定子线路中查找，一般是：

1）控制器里控制副钩电动机定子电路的触点接触不良；控制副钩电动机定子电路的滑线与滑块接触不良。

2）副钩电动机定子的三相电源线或定子绕组中有一相断线；过电流继电器KA1有故障。

（5）各机构均不能起动。其原因是电源没电，主滑线导电器发生故障或刀开关接触不良。或者是图6—3中的U，V和W三个接线点以上的电路有断线处。

（6）大车电动机只能向一个方向运动。通常是指在控制某个方向转动时，定子回路的触点有未接通处，或者是这个方向的限位开关常闭触点开路。

（7）主钩工作正常，大车、小车和副钩要在主钩工作后才能起动，而且若主钩不供电，它们就不能自行起动。原因是接线点W和接线点W1之间的电路发生断路。这时可以将主钩先起动，公用滑线带电，使大车、小车和副钩电动机都能得电启动。

2. 转子回路的常见故障

（1）短路情况

1）合上刀开关，按下启动按钮，接触器吸合，手轮（控制手柄）没有扳转，制动电磁铁就跟随吸合，造成制动器松闸，重物下落。其原因是电磁铁线圈绝缘被破坏，应更换线圈。

2）接触器触点粘连，断电后不能迅速脱开，造成电弧短路。为消除其故障，可以对触点进行修复或打磨，也可以用调整开距和超程的方法解决。

3）保护箱内的刀开关合上后，接触器发出不正常的声音。其原因是接触器的线圈绝缘损坏，造成接地短路。

4）控制屏内可逆接触器的机械联锁装置误差太大或失效，造成相间短路。

5）控制屏内可逆接触器因触点的释放动作慢，产生的电弧还没有消失，另一个接触器就吸合。或者新产生的电弧与还没有消失的电弧碰在一起，造成电弧短路。

6）接触器的三对触点因烧伤严重，在接触器断电后产生较大的弧光，也会引起电弧短路。

7）接触器的触点不在一个平面，吸合时出现有先有后的现象，此时若操作动作太快，也会造成电弧短路。

(2）断路情况。断路故障可能是电动机转子温度升高，即使在额定负载下也不能平稳启动和工作，时常还会有剧烈的振动现象。其可能的原因有以下几种：

1）电动机转子绕组的引出线端与滑环相连接的铜焊片处有断裂和开焊处。

2）电阻器内元件之间的连接处有松动的现象，或者是电阻元件本身有断裂的地方。

3）滑线与滑块之间接触不良，也可能是滑块损坏。

4）控制器连接的导线发生断路或在转子电路中有断路和接触不良的地方。

模块三　起升机构常见故障及排除方法

起升机构运行状态的好坏，将直接影响到天车能否高效、安全地生产。因此，掌握起升机构常见故障产生的原因及排除方法是非常有必要的。

一、电动机启动困难或不能带负载起吊

造成这种情况的主要原因是制动器调整不当，其现象表现为电动机功率不足，但实质问题是制动器调整不当所致。一般原因是在天车起吊时制动器尚未松开，使天车处在制动情况下运转，增加了电动机的运转阻力。制动器经常出现以下几种情况：

1．制动器弹簧调得太紧

即主弹簧被压缩得太短，制动力矩过大，使得天车运转时制动器打不开，造成天车带负载运转。增加了电动机的额外载荷，因此启动困难或不能启动。

2．制动器的制动瓦与制动轮两侧间隙不均匀

若制动器的制动瓦与制动轮两侧间隙不均匀，会使制动器在应该松开的时候制动瓦不能完全离开制动轮，仍处于制动状态，造成电动机带负载启动。短行程制动器制动间隙不均匀的情况如图 6—4 所示。由于顶臂螺栓 1 拧得过紧，把制动臂 2 推向左边，使右边的间隙过小，则松闸时制动瓦块 3 仍顶在制动轮上，使制动器仍处于制动状态。

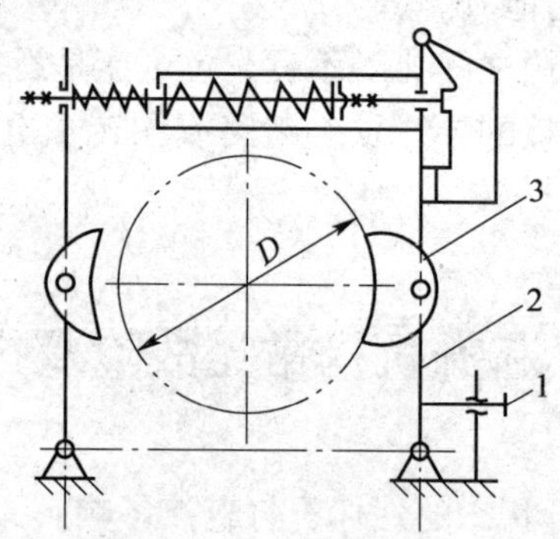

图 6—4　短行程制动器制动间隙不均匀的情况

1—顶臂螺栓　2—制动臂　3—制动瓦块

长行程制动器制动间隙不均匀的情况与短行程制动器的状况有所不同，如图 6—5 所示。

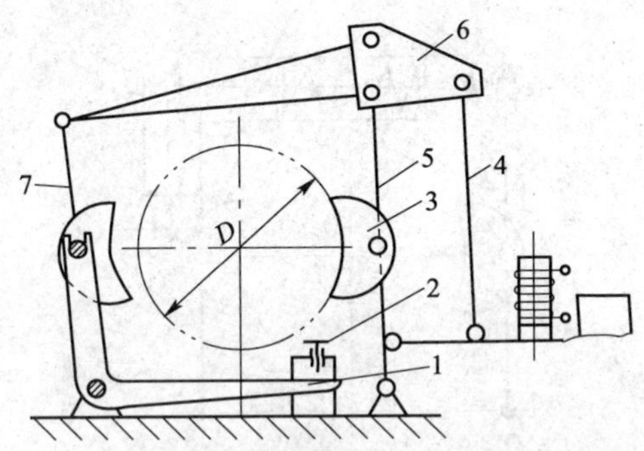

图 6—5　长行程制动器制动间隙不均匀的情况

1—杠杆臂　2—顶臂螺栓　3—制动瓦块　4—推杆

5—右制动臂　6—三角板　7—左制动臂

由于顶臂螺栓 2 与杠杆臂 1 之间的间隙太大，磁铁吸合时推杆 4 可将左制动臂 7 推至远离制动轮的位置，则三角板 6 不能反推右制动臂 5，所以起升过程中制动瓦块始终压在制动轮上，致使电动机在负载状态下工作，运转困难。

3. 制动电磁铁铁心行程过小

若铁心行程太小，线圈通电吸合时，动铁心只能把左、右制动臂稍微推开一点，使制动瓦块仍与制动轮处于摩擦状态，如图 6—6 所示。

但随着制动带和铰链的磨损，铁心的行程过大，也会使电磁铁吸力过小，照样松不开闸。同时造成通过线圈的电流增大，还有可能将线圈烧坏。所以应经常检查铁心的行程，及时做出适当的调整。

4. 短行程制动器副弹簧失效

副弹簧是负责将制动臂推离制动轮的辅助弹簧，若其失效或调整不当，会使推力减小，导致松闸时无力，推不开制动臂，瓦块仍压在制动轮上，妨碍电动机运转。

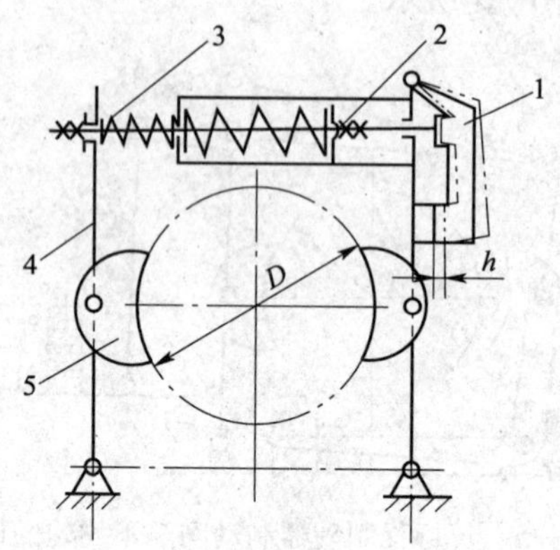

图 6—6　铁心行程过小

1—动铁心　2—制动螺杆　3—副弹簧　4—制动臂　5—制动瓦块

二、起升机构传动部件的安装精度严重超差

若传动部件的安装质量不符合机械运转要求，也会导致天车在工作时各种机件互相卡滞，转动不畅，通常存在以下几方面的问题：

1. 电动机轴与减速器输出轴不同轴。

2. 减速器输出轴与卷筒轴不同轴。

3. 制动器安装精度差，松闸时制动瓦块与制动轮仍有接触现象。

以上三种情况都会使机构在运转中发生卡滞现象，给电动机的启动增加阻力。

三、电气传动系统故障

1. 电动机绕组导线老化，转子绕组与其引线间开焊，滑环与电刷接触不良，从而造成三相转子绕组开路，电动机转矩减小。

2. 电阻丝烧断，造成转子回路处于分断状态，使电动机不能产生额定转矩。

3．转子和定子发生摩擦。产生的原因是：由于轴承损坏，定子或转子铁心发生变形或绕组松脱，轴承与定子或转子与定子不同轴。

4．电动机发热。主要有以下几个方面的原因：电动机超载；电源电压低于或者高于所规定的数值；电动机带动的机构有卡滞的地方；电动机实际接电持续率超过了额定的接电持续率；电源电压不对称；电动机通风不好或持续暴晒等。

5．整台电动机振动。主要是电动机安装时两端轴颈与轴的中心线不同轴；电动机轴与相连接的减速器轴不同轴；轴承间隙过大；冷却风扇的风翼缺损或地脚螺栓松动等原因。

6．电刷冒火和滑环被烧焦。主要原因是：滑环有振动；电刷压力不足或规格不符合要求；滑环或电刷不洁净；滑环和电刷接触不严；电刷或握刷配合松紧不合适；电动机过载等。

7．接电后电动机不转。有以下几方面的原因：熔断器内的熔丝熔断；过电流继电器断开；线路中有开路的地方；启动设备有接触不良的地方；机构有卡滞的地方；轴承损坏严重，造成定子和转子间的气隙不均匀等。

8．电动机转速慢，尤其在承受负荷时转速变慢。其原因可能是：制动器松闸不彻底；电源电压低；导电器接触不良；电动机带动的机构有卡滞的地方；或转子的启动电阻没能按规定的次序切除等。

9．电动机轴承部位温度高。其原因可能是：轴承没装牢；润滑不好；润滑油脏污；轴承损坏；轴承盖与转轴发生摩擦等。

10．电动机外壳带电。产生的原因是：接线盒内的接线头绝缘损坏或引出线被接地；绕组端部与机壳相碰；线槽绝缘损坏或进入导电物质；机壳接地不良等。

四、吊钩常见故障

1．钩口磨损超过该处截面积的10%，必须更换。吊运铁液包等高温、危险物品的天车，只要钩口处的磨损超过其截面积的5% 就要更换吊钩。

2．钩口的开口尺寸大于其原来的尺寸，说明吊钩已发生塑性变形，这种情况非常容易发生疲劳破坏，应立即更换新钩。

3．吊钩上不允许出现任何形式的裂纹，一经发现，就要立即更换新钩。

五、钢丝绳

常见的钢丝绳问题有以下几个方面：

1．在一段时间内钢丝绳的磨损加速。其迅速磨损的原因是卷筒或滑轮的直径相对于这种钢丝绳太小；或者是卷筒上的绳槽宽度太窄；遇到这种情况应改换较软的钢丝绳或与卷筒直径相匹配的钢丝绳，必要时应更换卷筒。

2．钢丝绳出现破裂、断丝或断股时，达到报废标准要立即更换。为防止钢丝绳出现破裂，要经常对钢丝绳进行润滑，并要经常对钢丝绳的表面进行清洁和涂油。钢丝绳难免出现断丝现象，但要注意当断丝数目在一个捻距内超过总数的 10% 时，或者径向磨损超过钢丝绳直径的 40% 时，甚至发现钢丝绳的钢丝有明显的磨损平面时，应立即更换新的钢丝绳。

六、联轴器常见故障

一是联轴器连接螺栓的螺孔磨损，孔径变大，使天车在起动和制动时产生振动，严重时甚至会切断螺栓，造成天车失控，吊物坠落。所以平时在天车的使用和维护过程中，要注意天车产生的不明原因的振动，如果是联轴器的原因应及时更换联轴器。

二是齿轮套的键槽磨损，不能传递转矩，齿轮与轴之间打滑，这种情况也会导致吊物坠落。发生这种情况时，用于起升机构的齿轮套要及时更换；用于运行机构的齿轮套可在与其相距 90°的地方重新铣键槽，配键后还可继续使用，但再次出现同一情况时则必须更换齿轮套。

七、减速器常见故障

一是减速器在机架上振动，其危害性在于使电动机的转矩不能高效率地传递给执行机构，影响天车的工作特性，缩短天车的有效使用寿命。

其原因是：固定螺栓松动；电动机轴与减速器输入轴不同轴；减速器输出轴与工作轴不同轴；减速器安装支架的刚度太低等。可以重新拧紧地脚螺栓；调整电动机、减速器底座高度，使之与输入轴或工作轴同轴；加固安装支架。

二是减速器发热，发热部位通常在减速器的外壳和轴承处。原因是：轴承的滚珠或保持架破碎；或者齿轮磨损，不能保证正确的啮合条件；缺少润滑油或润滑油脏污等。因此在维护和保养过程中，发现减速器的温度异常后，要找出具体原因，然后再决定是否更换轴承或齿轮，要注意加强润滑，或定期更换润滑油。

八、卷筒常见故障

卷筒通常是用铸造方法制造的，因此，无论其材质是铸铁还是铸钢，它们的共同特点是脆性大，而韧性和强度稍差一些。所以卷筒容易出现以下问题：

1. 卷筒容易在轮缘与轮辐或者轮辐与轮毂的连接处出现裂纹，这两个部位在维护和保养过程中要加以注意。这是铸件容易发生裂纹的敏感部位。

另外，由于超期使用，也容易导致卷筒筒面产生疲劳裂纹。一旦发现疲劳裂纹，要及时更换卷筒，不能存在一点侥幸心理。

2. 卷筒的转动是通过固定在卷筒上的传动轴将动力传递给卷筒的，所以固定卷筒和传动轴的键的两侧非常容易磨损。磨损后，轴与卷筒之间的间隙变大，则卷筒在起动或制动时会产生振动，非常容易发生“溜钩”事故。

3. 卷筒超期使用，筒面的绳槽磨损，会出现钢丝绳“跳槽”现象。出现这种情况的主要原因是：卷筒在长期使用后强度会逐渐降低，造成钢丝绳的缠绕混乱。这会影响天车的运行精度，对执行安装和浇注等工作极其不利。同时，卷筒的强度不足还有可能使卷筒在工作中发生突然性的疲劳破坏。

所以，卷筒在变薄至只有原壁厚的 20% 时应进行更换，并重新缠绕钢丝绳。

九、滑轮常见故障

第一种常见的故障主要是滑轮心轴磨损，这多半是由于滑轮心轴的固定件松动而造成的。因此，只要将心轴上的固定件紧固后，再添加一些润滑油就能很好地解决。

第二种常见的故障是长期使用后，由于滑轮经常在某个固定的方向受力，造成滑轮槽的磨损不均匀，使滑轮槽的两侧护翼薄厚不均匀。这可能是由于钢丝绳与滑轮的接触压力不同而造成的；也有可能是在安装时就存在偏差，在使用过程中加剧了磨损而造成的。这也是比较危险的，当磨损量达到 3 mm 时必须更换滑轮。

第七单元　天车的维护、保养及安全技术

培训目标

1. 掌握天车日常维护、保养的基本技术。
2. 了解并掌握天车安全使用的有关常识。
3. 掌握在非正常状态下的救护和自救知识。

天车是横架于车间、仓库或露天货场上方的起重设备，其工作环境一般都比较恶劣，如高温、灰尘以及露天的风蚀雨淋，这样的环境会影响天车电气设备的绝缘性能，导致金属零部件锈蚀及润滑状况的恶化等。因此，要想长时间保持天车的良好运行状态，必须在使用过程中对其进行细致、有效的维护和保养。

模块一　天车的维护

天车的运行状态直接关系到人身及设备安全，做好天车的管理和维护工作是确保安全运行的重要环节之一。通常，为了保证天车在任何情况下都有专门的工作人员对其在使用前后进行检查和维护，必须有强制性的制度约束和管理人员的监督。

为确保天车的安全运转，应首先做好天车的检查工作。

一、天车的检查制度

应明确天车司机、设备管理人员、机修人员等的相关责任、权利，不推诿，不越权，不漏检。为确保天车的安全运转，首要任务是做好天车的检查工作。应建立以下检查制度：

1．日检

日检是每天必须进行的内容，应由天车司机结合交接班制度进行。交接班的司机应共同对天车的机械、电气零部件进行检查，包括吊钩、钢丝绳、各机构的制动器和控制器、各机构的限位器以及各种安全开关等进行灵敏度的检查，以便使天车司机在上岗操作时对每个部位的性能做到心中有数。

交班前应将设备清扫干净，养成良好的习惯，保持操作环境的卫生。

2．周检

周检是指共同操作同一台天车的司机在每周应对天车进行一次全面检查。这种检查应包括各机构的传动零部件、保护柜的各电气元件、操作电器及其连接部分的紧固情况等，以便于每个司机都能针对各自的体会和观察将天车的运行状况进行汇总，便于发现问题。

检查后应清扫设备，保持良好的卫生环境。

3．月检

月检是指每月一次由天车司机和检修人员共同对天车进行的检查。检查范围可以扩大，包括各机械传动机构、电气设备及桥架结构；对主要的机械、电气零部件要进行拆解，实施更加详尽的检查，发现破损件要及时更换；对尚未达到报废标准的机械、电气零部件要能判断出其可能的使用寿命，制订预修计划，为下一期检查与保养做好准备。

4．半年检查

半年检查是指每半年将天车司机与修理人员组织在一起共同对天车进行的检查，相当于一级保养。在全面拆检整台天车的同时，对各部分进行维护和保养，完成预期安排的机械、电气修理工作，确保天车的机械、电气和金属结构处于完好状态。

5．年检

年检是指与天车的二级保养结合起来进行的检查，包括半年检查的内容，还要检查天车金属结构件有无裂纹，焊缝有无锈蚀；大车和小车车轮的磨损状况；测量大车跨度及大车轨道跨度差；测量主梁的静挠度并进行静、动负荷试车；对天车进行全面润滑。

二、天车的润滑制度

润滑质量的好坏对天车的运行状态和零部件的使用寿命有很大的影响。因此，润滑也是天车维护与保养工作的重要组成部分。良好的润滑，对提高天车的生产效率和确保安全生产具有重要意义。

日常工作中应对天车中相对回转、滑动等部位建立每日、每周、每月润滑制度。采用油浴润滑方式的减速器中的润滑油要定期更换，防止润滑油出现水样变化。如果采用喷油润滑，则要注意消除油中的气泡，以防止因气泡破裂而不能在零部件表面形成油膜，造成干摩擦现象。

其他润滑部位要注意密封，防止灰尘和其他杂物与润滑油混合，对轴及轴瓦等造成研磨。

三、天车的维护与修理制度

为防止天车的疲劳破坏以及保证机械设备的良好运行状态，必须建立对天车的维护与修理制度。

1. 维护制度

维护一般采取一、二、三级保养制度，也有的采用小修、中修和大修制度。其具体内容如下：

（1）一级保养与维护的内容

1）对整台天车的机械传动部分、电气部分和金属结构部分进行全面检查。

2）对所有润滑点按各自的润滑周期进行清洗、换油。

3）对个别电气元件进行修理和更换。

4）对个别机械零部件进行拆检、更换和修理。

5）对个别有破损趋势的机械、电气零部件，应作为可预见性修理内容做好技术准备工作，为下一周期的修理做好准备。

（2）二级保养与维护的内容

1）包括一级保养与维护的全部内容。

2）对工作频繁、负荷较大的机械、电气零部件进行拆检、清洗、修理或更换，并进行润滑。

3）按计划把前一期做好准备的机械、电气零部件进行更换。

4）对天车的电气线路进行全面检查，更换部分老化的电线和破损的电气元件。

（3）三级保养与维护的内容

1）将机械部分的各机构全部分解，包括减速器、联轴器、卷筒组、车轮组及取物装置等部件；更换损坏件和已达到报废标准的零部件，清洗后重新装配并加油润滑；更换钢丝绳、各机构的制动器及其打开装置。

2）应将各机构的电动机进行分解、烘干、组装并加油润滑；更换破损严重的电动机；更换各机构的打开装置；更换各机构破损的凸轮控制器；检修或更换保护柜；更换全部线路的接线，重新配线安装；更换照明信号系统的控制板等。

3）对于金属结构部分，应对已出现下挠或旁弯的主梁进行矫正修理并加固；将整台天车全部清洗干净并涂漆保护。

经过三级保养与维护的天车在生产前还要进行调试，进行静、动负荷的试车，鉴定合格后方能投入生产。

2. 修理制度

修理可分为事故性修理、预见性修理和计划性修理三个层次进行。

（1）事故性修理。一般是指日常检查和维护时没有发现而突然出现的机件损坏事故，必须停机修理。由于其发生具有不可预见性，所以危害性极大，有时会造成严重的人身伤害和设备损坏事故。因此，在平时对天车的使用中要坚持进行经常性的检查，计划预修要有科学依据。随着管理水平的提高，维护与修理制度不断完善，应该把这种突发性事故的发生概率降至最低限度，甚至于将其完全消灭在萌芽状态之中。

（2）预见性修理。预见性修理往往与常规检查结合起来进行。通常是在一级保养时发现零部件出现问题，有破损趋势，在不影响安全生产的前提下，可在两相邻的保养间隔期内做好零部件的准备工作，在进行下一周期的检查和保养时予以更换解决。

（3）计划性修理。计划性修理是维护与保养天车的中心环节，根据天车的工作情况和各种机构的负荷情况，对天车的保养与修理内容和时间制订出计划，并按计划实施。

模块二　天车的安全操作

天车司机应了解天车的各种机械和电气性能，并熟悉和了解相关的安全技术规程，才能更好地操纵天车。同时，天车司机还应清楚地了解自己的工作职责，能安全、合理地操纵天车。

一、安全操作总则

1．工人经体检及安全技术部门审查合格后，才能进行天车司机培训。独立操作前，必须经安全和技术部门联合组成的考核委员会对其进行理论和实际操作技术的考核，成绩合格后方能允许上岗操作。

2．无天车操作证者严禁操纵天车，助手和徒工必须在有经验的师傅亲自监督和指导下才能操纵天车。

3．天车司机应对天车的全部机构及装置的性能和用途以及全部电气设备的常识有所了解，要具有对全部机械和电气设备的维护和操作技能，并熟悉各种起重指挥信号的含义，才能允许其上岗独立操作。

4．天车司机必须严格遵守所在单位制定的有关规章制度。

5. 天车司机必须了解天车各机构的润滑部位，润滑油的种类、型号和润滑周期；必须了解相关的灭火知识及灭火器的使用方法；必须了解触电急救规程和急救常识。

二、天车工作的必备条件

1. 天车的作业地点要有足够的照明设施和畅通的吊运通道。

2. 每台天车应配齐保养天车所需的工具、安全绳和灭火器等。

3. 天车必须装有音响清晰的警铃等信号装置。

4. 天车所有带电部分的外壳均应进行可靠的接地。小车轨道如不是焊接在主梁上的，也要采取焊接接地措施，并且上述设施应定期检查，以免发生触电事故。

5. 天车上的梯子、平台、走台都应装设高度不低于1 050 mm、宽度不小于600 mm 的防护栏杆，栏杆底部应设有不低于15 ~20 mm 的挡板。对于直梯或倾角超过75°的斜梯，其高度超过5 m 时应装设弧形防护圈。直梯高度超过10 m 时，每隔5 ~6 m 应设有一个带防护栏的休息平台。

三、天车司机的工作职责

1. 工作前职责

（1）确认天车停放在停车位置，各种控制手柄处在零位，保护箱内的总开关处在断开状态。

（2）对天车进行全面检查，确认一切正常后方可合上保护箱的刀开关。

（3）检查前一班司机的手册中所记事项，共同对天车的各种机构进行检查。例如，钢丝绳有无破股、断丝现象；卷筒和滑轮缠绕是否正常，有无脱槽、串槽、打结、扭曲现象；钢丝绳端部固定是否牢固等。

（4）检查吊钩有无裂纹，吊钩螺母的防松装置是否完整，吊具是否完整、可靠。

（5）检查各机构的制动器是否灵活、可靠。

(6）检查各限位开关的动作是否灵敏、可靠。

2. 工作中职责

(1）出现下列情况时，天车司机应发出警告信号：

1）天车即将起动时。

2）靠近其他天车时。

3）起升或下降吊物时。

4）吊物接近地面工作人员时要连续鸣铃示警。

5）天车吊运货物在吊运通道上方运行时。

6）天车在吊运过程中某些机构发生故障时。

7）天车吊物从视线不清处通过时。

(2）无论大车、小车都不准用限位器、紧急开关、打倒车等作为制动手段停车。

(3）严禁吊运货物从人群上方通过，更不允许停留。应使吊运的货物沿吊运通道移动。

(4）操纵电磁盘或抓斗时，不允许任何人员在吊物下面工作和通过，应在工作区内设立危险警示牌，以便引起其他人员重视。

(5）天车司机在工作中应高度集中注意力，不得在工作过程中聊天、吸烟，更不准阅读书报、吃东西等。

(6）为防止触电，驾驶室内应装备良好的绝缘设施，地面应铺设橡胶板或木板，司机应穿绝缘鞋，不准用湿手触摸控制器等电气设备。

(7）天车吊物在空中停留或进行其他安装、浇注等重要工作时，天车司机不得随意离开驾驶位置。

(8）天车司机遇到下列情况之一者，有权拒吊：

1）违章指挥或信号意图不明确。

2）超载。

3）工件或吊物捆绑不牢。

4）利用吊物载人。

5）安全装置不齐全或个别安全装置动作不灵敏、失效。

6）工件埋于地下或与其他建筑物、设备有钩挂。

7）光线阴暗，视线不清。

8）用吊索捆绑有棱角的物件但无防止钢丝绳被切割措施的。

9）歪拉斜拽的物件。

10）盛运金属液的容器装载过满有洒落危险的。

11）电压过低时。

3. 工作后职责

（1）首先将吊钩上升至接近上极限位置的高度，不准吊挂吊物、吊具等。

（2）小车应停放在主梁远离大车滑触线的一端，不得停放在主梁的中间部位；大车应停放在固定的停放位置。

（3）应将电磁吸盘或抓斗等吊具放在地面上，不得在空中悬吊。

（4）将所有控制手柄扳回零位，切断紧急开关，拉下保护柜的刀开关，关闭驾驶室门后方可离车。

（5）当班司机应做好交接班记录，将工作中发生的问题及检查情况记录清楚，交给下一个接班司机后才能离开天车。

模块三　天车的润滑及维护

天车的润滑与维护对延长天车的使用寿命，保证天车具有良好的运行状态具有重要意义。

一、天车的润滑

润滑是保证天车良好运行状态，减少机件磨损，延长零件使用寿命，提高生产率和确保安全生产的必要手段之一。每个天车用户和具体操纵天车的人员，都必须坚持对天车的各个回转部位以及有相对摩擦的地方进行定期润滑。尤其要根据天车的工作制度，有区别地对关键润滑部位进行强制润滑。

1. 润滑方法

天车的润滑方法主要有以下两种：

（1）集中润滑。对大起重量的天车，轴、孔配合部位应经常使用润滑脂润滑，一般采用手动泵注油。对于减速器等密封较好、转速较高的机构，多采用润滑油润滑，一般用电动泵注油润滑。

（2）分散润滑。中、小起重量的天车一般采用分散润滑方式，即润滑时用油枪对各润滑点分别注油。其优点是润滑可靠，很少遗漏；并且润滑工具简单，维护也比较方便。缺点是润滑点分散，工作量大，耗时较长。

2. 润滑部位

（1）各齿轮联轴器。

（2）各减速器。

（3）各电动机轴承。

（4）各轴承箱、轴承座。

（5）各制动器上的所有铰接点。

（6）长行程制动电磁铁及液压制动电磁铁的各活动部分。

（7）小车架两端的固定滑轮轴。

（8）钢丝绳。

（9）吊钩滑轮轴两端及吊钩螺母下的推力轴承。

（10）抓斗的上、下滑轮轴，导向滚轮以及各铰接轴。

3. 润滑油的选择

（1）钠基润滑脂。该润滑脂耐热性好，能在120℃以下工作。缺点是吸水性强，因此不适宜用在潮湿或与水接触的部位。

（2）钙基润滑脂。该润滑脂不易溶于水，但熔点低，耐热能力差，多用在工作温度不高于60℃，或者与水或空气接触的场合。

（3）工业锂基润滑脂。该润滑脂抗水性较好，能在 50 ~ 120℃的范围内高速工作。

（4）复合铝基润滑脂。该润滑脂具有抗潮、抗热特性，没有硬化现象，对金属表面有良好的保护作用。

（5）合成石墨钙基润滑脂。该润滑脂具有极大的抗压能力，能耐较高的温度，抗水、抗磨性好。

（6）特种润滑脂。该润滑脂具有抗热、耐磨、防水性能，可在 -30 ~ 120℃的环境工作。

4. 典型零件的润滑期限与条件

（1）钢丝绳。1 ~ 2 个月润滑一次。可将润滑脂加热至 80 ~ 100℃浸涂，也可以直接将润滑脂涂抹在钢丝绳上。一般多使用合成石墨钙基润滑脂或其他钢丝绳润滑脂。

（2）减速器。减速器在新使用时应每季度换一次油，以后每半年至一年换一次油。冬季应在不低于 -20℃的环境下工作。可以使用齿轮润滑油。

（3）齿轮联轴器。每月润滑一次。工作温度应限制在 -20 ~ 50℃之间，冬季可使用黏度较低的 1 号、2 号以任何元素为基体的润滑脂，夏季可使用黏度稍高的 3 号、4 号润滑脂。注意只能使用单一品种的润滑脂，不能混合使用。

（4）滚动轴承。应坚持经常润滑，不能出现干摩现象。其工作温度也应限制在 -20 ~ 50℃之间。润滑材料与齿轮联轴器基本相同。

（5）卷筒内齿盒。一般只在大修时加一次油就可以。因其工作速度较慢，故其工作温度稍高于 50℃或低于 -20℃也是可以的。

（6）滑动轴承。可以根据摩擦情况酌情润滑。但因其工作中极易摩擦发热，停止后再起动需克服较大的阻力，所以通常采用 1 号、2 号特种润滑脂。

（7）电动机。电动机属于精密电器，其密封性较好，所以一般只在年修或大修时润滑就可以。其工作温度应以电动机的绝缘要求为标准，一般采用复合铝基润滑脂或 2 号、3 号通用锂基润滑脂。

二、天车的维护

1. 制动器

起升机构的制动器每班要检查一次，运行机构的制动器 2 ~ 3 天检查一次。遇到制动瓦块贴合在制动轮上，制动瓦块张开时制动轮两侧间隙不相等的情况时，要及时调整和维修，以防止损坏制动器。

2. 钢丝绳

钢丝绳要经常检查，主要观察其断丝和磨损是否达到报废标准。若达到报废标准，应立即更换。

对钢丝绳进行润滑时，应先用钢丝刷刷去钢丝绳上的脏物和旧润滑脂，然后将润滑脂加热到 60℃以上涂抹到钢丝绳上，以便让润滑脂渗入到钢丝绳的绳股之间。

此外，固定钢丝绳的螺钉和绳头也必须经常检查，以防止有松动的现象出现。

3. 联轴器

一方面要经常检查联轴器是否牢固地固定在轴上，若连接螺栓松动，应及时拧紧；另一方面要观察联轴器运转时有没有跳动现象，严重时应及时调整，防止产生更加严重的事故。

4. 减速器

第一要注意倾听其运转声音是否正常；第二在打开其上盖时要看其内部的润滑油存量是否足够，油的品质是否符合要求；第三要观察其齿轮轮齿的磨损程度、啮合情况和传动情况是否正常；第四要经常擦拭减速器的表面，注意两半体的结合面不能漏油。

5. 轴承

滚动轴承要注意轴承座是否牢固；轴承内的润滑脂是否足

够，轴承内没有润滑脂不允许工作。当需要换油时，应先用煤油将轴承清洗干净后才能再加润滑脂。另外要经常注意轴承的温度，一旦超过 70℃，就要检查润滑脂是否足够，其质量是否符合要求，钢珠有否损坏。

滑动轴承应注意相对滑动的表面有否明显的划伤，如果划伤严重，应更换轴瓦。

6. 卷筒和滑轮

卷筒和滑轮的主要检查部位是绳槽表面情况和轮槽是否完整无损。卷筒和滑轮表面要保证清洁和有适量的润滑油。

7. 抓斗

第一要注意其开闭机构的灵活性，颚板闭合的紧密性，颚板的固定情况以及撑杆的铰接情况和润滑情况等。

第二要注意其极限开关的限位标准有否改变，一般抓斗顶部距上升极限不得小于 1 m；抓斗下降时，其下部距料箱或车厢不得小于 0.1 m。

第三要注意抓斗悬挂处绳索的紧固情况；抓斗开闭绳的导轮状况；起升时要注意起升和开闭绳的速度是否相等。

8. 电磁盘

要经常检查电缆缠绕的正确性，电缆在电缆卷筒上的缠绕速度与钢丝绳在卷筒上的缠绕是否同步；检查电磁铁铁心是否有剩磁；检查电缆的绝缘情况，防止漏电。

模块四 电气安全、登高作业安全及触电和防火自救

天车既是比较复杂的机械设备，也是功能齐全的电气设备。所以，天车司机在掌握机械设备维护知识的同时，也必须掌握一定的电工专业方面的知识，才能更好地操纵和维护天车，使之能

高效、安全地生产。

由于天车司机基本上进行的是独立的高空作业，所以还要了解或掌握一些高空作业的知识以及防触电和防火方面的常识，以便在发生事故暂时得不到救援的情况下，能自己先行处理一些问题，为救援赢得时间。

一、电气安全技术要求

电气安全包括电气设备、保护电器和电气线路等设施的安全。在安装、维护、调整和使用中，要注意它们的各项指标，如绝缘性能、工艺性能以及电气元器件的质量是否符合要求。

1. 电气设备

（1）电动机。天车的电动机由于工作负荷较大，所以电动机应具有较高的强度和过载能力，以便天车在频繁起动、制动、反转和较大负荷的情况下都能正常地工作。电动机在安装前，其定子绝缘电阻应达到2 MΩ，转子绝缘电阻应达到0. 8 MΩ。使用期间，定子绝缘电阻应达到0. 5 MΩ，转子绝缘电阻应达到0. 15 MΩ。

（2）制动电磁铁。其绝缘电阻值与电动机定子绕组的电阻值相同。如果低于规定要求，必须将其烘干并检验合格后才能使用。

（3）控制电器。天车的控制电器主要包括控制器和电阻器等，它们主要起操作和控制电动机的作用。

控制器各触点因经常开闭产生的火花而出现表面烧灼现象，极易造成转动不灵活和接触不良。检查时应多注意这些情况，发现后应及时处理，以免影响天车的正常工作。

电阻器温升不宜超过300℃，各电阻片之间需保持平直并具有一定间距，如果不符合要求要及时调整、校正。

（4）警铃和照明装置。警铃和照明装置也是天车必需的辅助电气设备，因此也必须时刻处于良好的工作状态。

2. 保护电器

保护电器的主要作用是保护天车在运行过程中不过载、不过界及电器不被烧毁。主要包括以下几种装置：

(1) 限位保护装置。包括卷扬机的上、下极限位置限制器和大、小车行程极限位置开关。其要害机构是各固定螺栓和螺母，要保证这些机构不松动，以便在其规定位置能自动切断电源。其次是开关内的金属触点要完好无损，轴、孔部位要能活动自如，要经常润滑，防止磨损，发现磨损要及时修理或更换。

(2) 超负荷限制器。其作用是当天车工作时，超负荷限制器要在负荷超过限定值时能自动切断电源并发出报警信号。由于它是依靠电信号工作的，所以要经常检查其接线是否牢固，不得有松动。同时要保证各触点接触压力符合工艺要求，接触状态良好，确保其动作灵敏、可靠。

(3) 电气联锁保护装置。其作用是当天车司机离开天车时能自动切断电源，例如，当驾驶室门打开时，开关的触点也打开，天车断电停车，这样便能防止天车司机或其他维修人员上、下天车时发生人身伤害事故。

电气联锁开关一般设置在驾驶室上方舱口和大车两个端梁的栏杆门上，要经常检查其接触是否良好，动作是否灵敏、可靠。

(4) 紧急断电保护开关。即通常所说的紧急开关，通常装设在司机便于操纵的位置，一旦发生紧急情况，司机能迅速切断联锁保护电路。因此，它不能代替任何正常操纵和断电开关。

(5) 过电流保护、零压保护和零位保护。过电流保护包括短路和过载保护，主要采用熔断器、电磁式过电流继电器动作来保护天车的电动机在过载的情况下不被烧毁。

零压保护包括欠压保护，即遇到停电或电压过低时跳闸，以达到自动停车的目的。

零位保护是指各控制器的手柄不在零位时启动天车各电动

机都不能工作，以达到天车在任何时候都能安全工作的目的。

3. 电气线路

天车的连接线路是连接电器的通道，必须保证在任何情况下都畅通无阻。无论电缆或裸滑线都要始终处于最佳状态，以便在天车发生故障时能迅速、准确地排除相关电气故障。

（1）天车的主滑线必须用专用的馈电线供电。如果为380 V交流电源，采用滑线或软线供电时，应备有一根专用的零线或接地线。主滑线应在非导电接触面涂红漆，并在适当位置装设安全标志和指示灯。

（2）天车采用滑车拖拉电缆或封闭滑线供电时，穿挂电缆的钢丝和吊挂电缆的吊环应光滑，钢丝不允许有接头。在采用裸滑线供电方式时，滑线应平直、光滑且无腐蚀。集电器应有足够的压力，并能保持良好的导电性能。

（3）如果裸滑线不得不装设在驾驶室一侧，则必须在滑线外侧装设屏蔽装置，以防止司机上、下天车时发生触电事故。

（4）天车配线应采用能耐500 V电压的绝缘多丝铜线。

（5）天车的裸露滑线应与地面或其他设施保持一定的安全距离。如对地面不得小于3.5 m，对汽车通道不得小于6 m，对一般管道不得小于1 m，对氧气管道不得小于1.5 m，对煤气、乙炔气管道不得小于3 m。

（6）天车的照明和信号电源应接在动力总开关前，以便当动力部分断电时仍能保证正常的照明需要。

（7）天车的金属结构和所有电气设备的金属外壳、管、槽和电缆外皮等必须连接成一个连续的导体，根据电网的供电方式采取可靠的接地或接零。通过轨道和车轮接地（零）的天车轨道两端应采取接地或接零保护措施。天车及轨道上任何一点的接地电阻都不得大于4 Ω。

二、登高作业安全技术要求

登高作业是每个天车司机都要面对的问题，要想高效地完成吊运工作，又保证自身的安全，应注意以下问题：

1．正确使用劳动保护用品

（1）为防止触电，天车司机应穿绝缘鞋；为防止滑倒，不能穿硬底和塑料底鞋；无论穿什么鞋，都应扎紧鞋带，以防止因脱落而导致事故的发生。

（2）工作服要合体，裤腿和袖口要扎紧。检修和维护天车时要戴安全帽，防止因零散部件或工具掉落而砸伤头部。

（3）高温作业环境应注意防暑降温，以防止中暑。条件特别恶劣时应轮换上岗。

（4）重度灰尘和有毒作业场所除应加强驾驶室的通风外，还应采取个人防尘、防毒措施。

（5）在天车桥架上检修时，必须佩戴安全带，防止用力过猛，导致重心偏移而坠落。安全带应高挂低用，严禁低挂高用。

2．慎重对待高空作业

（1）天车的直梯和斜梯要按规范装设防护栏杆。司机上下扶梯时要手扶栏杆逐级上下，不得手持其他物体上下扶梯。

（2）司机擦拭和清扫设备时，禁止没有任何保护措施站在主梁上。在端梁上清扫时，应面对舱口，以防止失足落空。

（3）如必须登上主梁或厂房的行车梁轨道进行检修时，应切断电源，严禁任何人动车和试车。

（4）检修时拆卸的零部件应及时清理，去除油污，放在不易坠落的安全处或直接落在地面上，防止高空坠落伤人。

（5）配合其他工种作业时，天车司机必须服从专人指挥。但当听到有人命令停止时，无论是否看清楚，都要立即停车。

三、触电急救安全技术要求

发生触电的种类很多，一旦出现这种情况，千万不要惊慌失措，首要的问题是尽快地使触电者脱离电源。然后根据具体情况，在现场进行初步抢救，为后续的救治争取时间。

1. 脱离电源的方法

（1）拉闸断电。如果触电地点附近有电源开关或插销，应立即关闭开关或拔掉插销，切断电源。如果触电地点距离电源很远，可用绝缘钳或木柄斧头等将电源线切断，同时处理好切断后的电源线，防止再发生短路或其他触电事故。

（2）使用绝缘物品使触电者与电源脱离。如果现场不能采用上述方法切断电源时，可用干燥的木棒、绳索、手套、衣服等物品挑开电源线，或者拉住触电者干燥的衣物将其拖离触电电源。

（3）夜间触电的断电。如果触电事故发生在夜间，切断电源后，应先解决照明问题，以免影响后续救援工作。

如果触电的部位发生在电容器或电缆上，应先切断电源，采取放电措施后才能对触电者施救。

无论采用什么方式断电，都要先照顾好触电者，不要脱离电源后再给触电者造成摔倒等二次伤害。

2. 合理确定施救方案

触电者脱离电源后，会出现神经麻痹、呼吸中断、心脏骤停等症状，呈现“假死”状态。施救者应根据不同情况采取不同的措施，迅速进行抢救。具体情况有以下几种：

（1）触电者神志清醒，但心慌，四肢麻木，全身无力，或者在触电过程中曾出现昏迷，但已清醒，应使其安静休息，不要走动，严密观察，迅速请医生前来诊治或送往医院救治。

（2）触电者失去知觉，但有呼吸，心脏仍在跳动，应将其安放在空气流通的地方平躺，解开腰带、衣扣以利呼吸。天气寒冷时，应注意保温、防冻。需速请医生到现场医治。

（3）触电者已失去知觉，呼吸困难，应立即在现场实施人工呼吸抢救。

（4）触电者呼吸和心跳完全停止，应立即在现场实施人工呼吸和心脏挤压法急救。急救必须尽快并且不能间断，即使在送往医院的途中也不能中止。

四、天车电气防火安全技术要求

能导致天车发生火灾的原因很多，平时必须有防患于未然的准备，要在天车驾驶室内配备符合规定的消防器材，并应配备救生安全绳，以便使天车司机在不能控制火情的情况下能自行逃生。

1. 天车发生火灾的原因

（1）设备发热。引起设备发热的原因主要有：

1）短路。短路故障可以使线路中的电流为平时的几倍，而且产生的热量与电流大小成正比。如果温度达到可燃物的燃点，就会造成火灾。

2）过载。过载也会引起设备发热。造成过载有以下三种情况：一是设计选用线路和设备不合理，导致在额定负荷下就出现过热现象；二是使用不合理，天车因长时间超负荷运行而造成设备和线路过热；三是故障运行，如三相电源缺一相。

3）接触不良。各种接触器触点没有足够压力或接触面粗糙不平，造成电阻过大，导致触点过热。

4）散热不良。电阻器安装不合理或使用时损坏、变形，热量积蓄过高，又没有很好地将这些热量散发出去。

（2）天车周围存有可燃物

1）天车上的电气线路、开关柜、熔断器、插销、照明器具、电动机、电加热设施等电气设备接触或接近可燃物时都有可能引起火灾。若润滑系统缺油，也能导致火灾的发生。

2）司机及检修人员吸剩随地乱扔的烟头和其他引火材料（如火柴、打火机等）都有可能引起火灾。

3）在天车附近或厂房、屋架、天窗等处进行维修的电焊火花溅落在天车上也能引起火灾。

4）冶炼、铸造等热加工时熔化的金属飞溅到天车上也能引起火灾。

2. 天车上正确的灭火方法

天车上的火灾一般都是电气火灾。这是因为火灾发生后，电气设备的绝缘物质都是一些易燃物质，极易烧损而使电气设备碰壳短路。电气线路也有可能因断落而接地短路，使正常不带电的金属构架和地面带电。因此火灾发生后首先要切断电源；若无法切断电源，则应选择合理的消防器材，避免触电事故的发生。

(1) 正确选择灭火材料

电气火灾应使用1211、干粉或二氧化碳等不导电的灭火材料和器材。

(2) 灭火器材的使用方法

1) 1211手提式灭火器。使用前应首先拔掉安全销，一只手紧握压把，另一只手握住喷嘴根部，向火源边缘左右扫射，压住火头迅速向前推进。注意操作时严禁将灭火器水平或颠倒使用。

2) 外装式干粉灭火器。使用时一只手握住喷嘴，另一只手向上拉起提环，握住提柄，将灭火器上下颠倒数次，使干粉预先松动，然后将喷嘴对准火焰根部进行灭火。